G*POWER를 활용한 효과크기와 표본크기 계산

강현철 지음

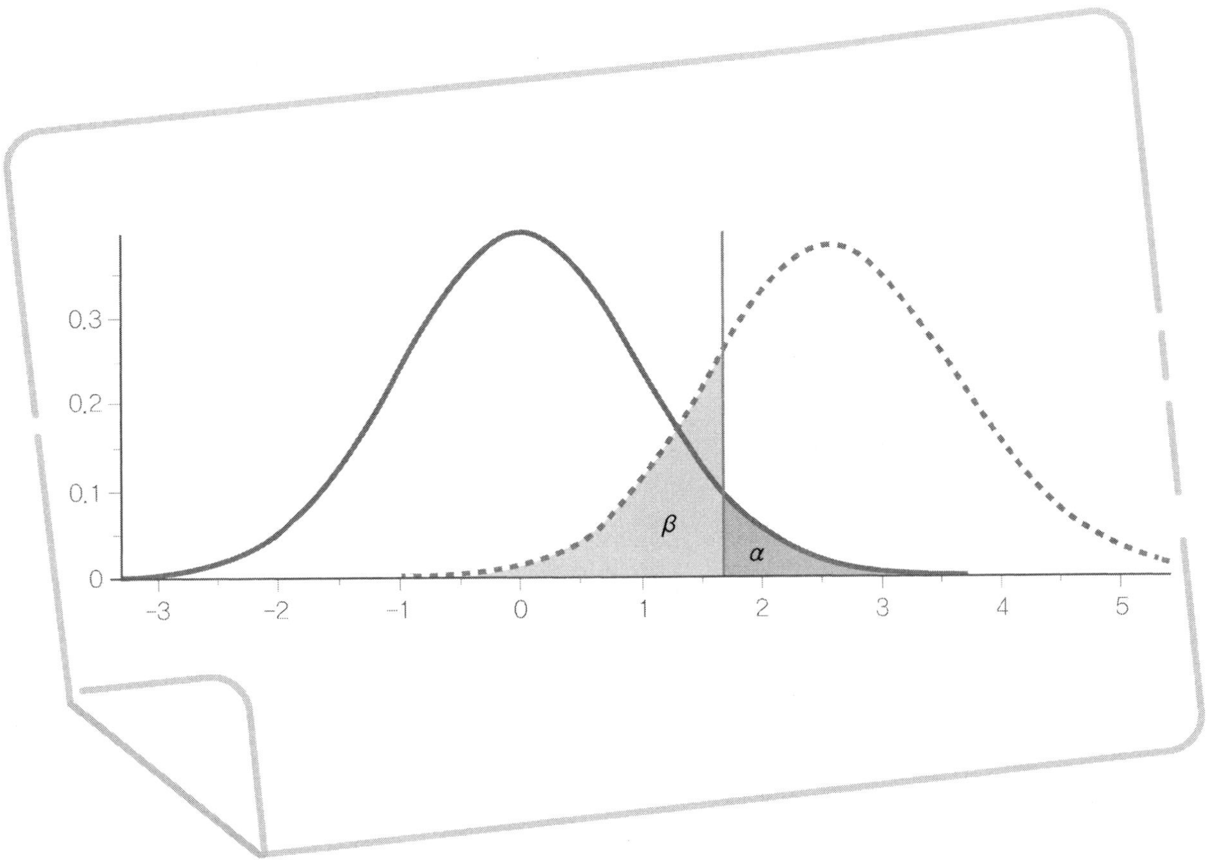

자유아카데미

머리말

여러 분야에서 특히 경험적 연구를 수행하여 자료를 해석할 때, 대부분 통계적 유의성을 평가하는 방법이 널리 사용되어 왔다. 전통적으로 통계적 가설검정은 p-값(유의확률)을 산출하고 이에 근거하여 결론을 내리는 방식으로 이루어져 왔다. 즉, 검정하려는 가설을 받아들일 수 있는 가능성의 확률이 규범적으로 정한 범위 내에 있는지를 확인하는 것이다. 이러한 과정을 통상 '가설검정' 또는 '연구결과에 대한 통계적 유의성의 검정'이라고 하며, 연구자는 이러한 분석 과정에 의해서 단순히 연구가설이 통계적으로 유의한지의 여부를 제시한다.

그러나 이러한 형식의 가설검정 방법에 대하여 그에 따른 연구결과의 가치가 매우 한정적이라는 비판이 높게 일고 있다. 즉, 단순히 가설검정만을 사용하면 다른 유용한 정보가 손실되는 경우가 많으며, 특히 검정된 통계적 유의성에 대한 효과의 크기나 양의 정도를 고려하지 못하게 되기 때문이다.

또한 통계적 유의성은 실제적 유의성과 더불어 검토되어야 할 문제이므로 통계적 유의성만의 지나친 집착과 확대해석은 바람직하지 않으며, 통계적 유의성이 검출되지 않은 연구결과도 때로는 그 자체로 훌륭한 의미를 지닐 수 있다는 점과 추후 연구에 기여할 수 있다는 점에서 발표될 수 있어야 할 것이다. 여기에서 실제적 유의성이란 실제적인 의미를 부여할 수 있을 만큼의 연구결과가 도출되었는가 하는 것이다.

통계적 유의성의 기준으로 p-값(유의확률)이 널리 사용되는 것과 같이 실제적 유의성의 기준으로는 효과크기(effect size)가 널리 사용된다. Cohen(1988)은 효과크기를 "연구된 결과가 모집단에 실제적으로 존재할 가능성의 정도 혹은 귀무가설의 오류가 일어날 가능성의 정도"라고 표현하였다. 효과크기는 연구결과의 해석을 용이하게 하고, 연구의 타당성을 보다 높일 수 있으며, 실제적 적용성에 대한 가치도 높일 수 있다. 효과크기를 연구결과에 함께 보고하는 것이 바람직한 이유는 유의성을 검정하는 것이 연구의 효과성을 측정하는 유일한 지표는 아니기 때문이다. 왜냐하면 통계적 유의성을 검정하는 과정에 관련된 지표들은 표본크기에 의해 많은 영향을 받기 때문이다.

다양한 분야에서 판별모형 또는 진단 테스트의 정확성을 평가할 때, 표본크기는 추정이나 정확도의 평가를 위해 중요한 역할을 한다. 작은 표본크기는 넓은 신뢰구간을 가지는 부정확한 추정치를 생성하는 원인이 될 수 있다. 반면에, 과도하게 큰 표본크기는 자원을 낭비하게 만든다.

이 책은 G*Power 소프트에어를 이용하여 효과크기와 표본크기를 계산하는 방법들을 다루고 있다. 특히 G*Power는 무료로 다운로드하여 사용할 수 있고, 다양한 통계분석 기법들에 대하여 효과크기와 표본크기를 쉽게 계산할 수 있다는 장점을 가지고 있다. 따라서 의학, 약학, 간호학뿐만 아니라 사회과학 분야의 많은 연구자들도 널리 사용하고 있다.

이 책은 총 7개의 장으로 구성되어 있다. 1장에서는 통계적 가설검정, 유의수준, 검정력, 효과크기, 표본크기 등의 기본적인 개념에 대하여 간단히 설명하였다. 또한 G*Power의 주요 사용법을 소개하고 있다. 2장부터 7장까지는 실제 통계분석에서 활용도가 높은 '평균 차이 검정, 비율 차이 검정, 분산분석, 상관분석, 회귀분석, 판별분석' 등에서 효과크기와 표본크기를 계산하는 방법들을 소개하였다. 특히 실제 사례에 대한 SPSS 소프트웨어의 주요 결과들을 이용하여 현실감 있게 설명하고 있다. 그리고 각 장의 부록에는 통계학 분야에서 널리 사용되는 SAS 소프트웨어를 이용한 프로그램의 예를 제시하였다.

또한 독자들의 학습을 위하여 본문에서 사용된 데이터들과 프로그램을 출판사의 홈페이지를 통해서 제공하고 있다(http://www.freeaca.com).

이 책이 실제 문제에서 효과크기와 표본크기를 계산하고자 하는 다양한 분야의 연구자들에게 유용하게 사용되기를 바란다.

2019년 1월, 저자

차 례

제 1 장
서 론

Introduction

이 장에서는 앞으로의 논의를 위하여 통계적 가설검정, 유의수준, 검정력, 효과크기, 표본크기 등의 기본적인 개념에 대하여 간단히 설명한다. 또한 표본크기 계산을 위하여 가장 널리 사용되는 공개 소프트웨어 중 하나인 G*Power의 사용법을 소개한다.

1.1 들어가며

여러 분야에서 특히 경험적 연구를 수행하여 자료를 해석할 때, 대부분 통계적 유의성을 평가하는 방법이 널리 사용되어 왔다. 전통적으로 통계적 가설검정은 p-값(유의확률)을 산출하고 이에 근거하여 결론을 내리는 방식으로 이루어져 왔다. 즉, 검정하려는 가설을 받아들일 수 있는 가능성의 확률이 규범적으로 정한 범위 내에 있는지를 확인하는 것이다. 이러한 과정을 통상 **가설검정**(hypothesis testing) 또는 '연구결과에 대한 통계적 유의성의 검정'이라고 하며, 연구자는 이러한 분석 과정에 의해서 연구가설이 통계적으로 유의한지의 여부를 제시한다.

그러나 이러한 형식의 가설검정 방법에 대하여 그에 따른 연구결과의 가치가 매우 한정적이라는 비판이 높게 일고 있다(권순달, 2005; 임시혁, 2011). 즉, 단순히 가설검정만을 사용하면 다른 유용한 정보가 손실되는 경우가 많으며, 특히 검정된 통계적 유의성에 대한 효과의 크기나 양의 정도를 고려하지 못하게 되기 때문이다(Peterson et al., 1985). Sawyer & Peter(1983)가 "우리의 연구가 어떤 사실의 기술이든 혹은 설명이나 예측이든 간에, 연구의 주요 발견 결과는 검증되어서 확증된 연구 효과의 범위와 효과를 설명하는 크기나 양으로 표시되어야 한다"라고 지적한 바와 같이 단순 가설검정의 방법에 문제가 있음을 공감할 수 있다(나운봉 · 박찬욱, 2006).

또한 통계적 유의성은 실제적 유의성과 더불어 검토되어야 할 문제이므로 통계적 유의성만의 지나친 집착과 확대해석은 바람직하지 않으며, 통계적 유의성이 검출되지 않은 연구결과도 때로는 그 자체로 훌륭한 의미를 지닐 수 있다는 점과 추후 연구에 기여할 수 있다는 점에서 발표될 수 있어야 할 것이다(강현철, 2002). 여기에서 실제적 유의성이란 실제적인 의미를 부여할 수 있을 만큼의 연구결과가 도출되었는가 하는 것이다.

통계적 유의성의 기준으로 p-값(**유의확률**, significance probability)이 널리 사용되는 것과 같이 실제적 유의성의 기준으로는 **효과크기**(effect size)가 널리 사용된다. Cohen(1988)은 효과크기를 "연구된 결과가 모집단에 실제적으로 존재할 가능성의 정도 혹은 귀무가설의 오류가 일어날 가능성의 정도"라고 표현하였다. 효과크기는 연구결과의 해석을 용이하게 하고, 연구의 타당성을 보다 높일 수 있으며, 실제적 적용성에 대한 가치도 높일 수 있다(Cooper, 1981). 효과크기를 연구결과에 함께 보고하는 것이 바람직한 이유는 유의성을 검정하는 것이 연구의 효과성을 측정하는 유일한 지표는 아니기 때문이다. 왜냐하면 통계적 유의성을 검정하는 과정에 관련된 지표들은 표본크기에 의해 많은 영향을 받기 때문이다(나운봉 · 박찬욱, 2006).

최근 ASA(American Satistical Association)에서는 p-값(통계적 유의성)의 해석과 관련하여 적절한 여섯 가지 원칙을 세워 "통계적 유의성과 p-값에 대한 성명서"를 발표하였다(Wasserstein & Lazar, 2016).

1. p-값은 '데이터가 특정 통계모형과 얼마나 상반되는지'를 나타낼 수 있다.
2. p-값은 '연구가설이 참일 확률'이나 '데이터가 무작위적인 우연만으로 생성되었을 확률'의 측도가 아니다.
3. p-값이 '특정 임계치를 넘어서는지'만으로 과학적 결론이나 사업적/정책적 결정을 내리는 근거가 되어서는 안 된다.
4. 적절한 추론을 위해서는 충분한 보고와 투명성이 필요하다.
5. p-값 혹은 통계적 유의성은 '효과의 크기'나 '결과의 중요성'을 측정하지 않는다.
6. p-값 자체만으로 어떤 모형이나 가설에 관한 증거를 판단하는 좋은 측도가 될 수 없다.

또한, 최근 많은 분야의 학계에서는 연구자들이 연구결과를 보고할 때, 효과크기를 함께 보고할 필요가 있음을 주장하고 있다(Cohen, 1994; Anderson et al., 2000; Breaugh, 2003). 예를 들어, 미국 심리학 및 교육학 저널에서 가장 널리 이용되는 출판 매뉴얼 중의 하나인 APA Publication Manual은 양적 방법론을 사용했음에도 효과크기를 보고하지 않은 연구는 결점이 있는 것으로 간주한다. APA 방식을 따르는 24개의 저널들은 명시적으로 효과크기를 보고하도록 요구하고 있다(Thompson, 2006). 이러한 저널들은 효과크기가 보고되지 않은 연구는 출판을 불허할 정도로 효과크기에 대한 관심은 강화되고 있다(김민성, 2011).

이 책에서는 많은 연구에서 주로 사용되어지는 t-검정, 분산분석, 상관분석, 회귀분석 등 주요 통계기법들에 대하여 통상적으로 사용되는 효과크기의 정의를 소개한다. 또한 여러 분석사례들을 통해 효과크기와 표본크기를 계산하는 방법을 설명한다. 그리고 효과크기와 표본크기를 계산하는 데 가장 널리 사용되는 소프트웨어인 G*Power(http://gpower.hhu.de)의 사용법을 설명한다.

1.2 가설검정과 통계적 유의성

두 모집단의 평균을 비교하는 경우를 고려하자. 먼저, 두 집단의 모평균을 μ_1과 μ_2라고 하자. 이때 일반적으로 관심이 되는 귀무가설(null hypothesis)과 대립가설(alternative

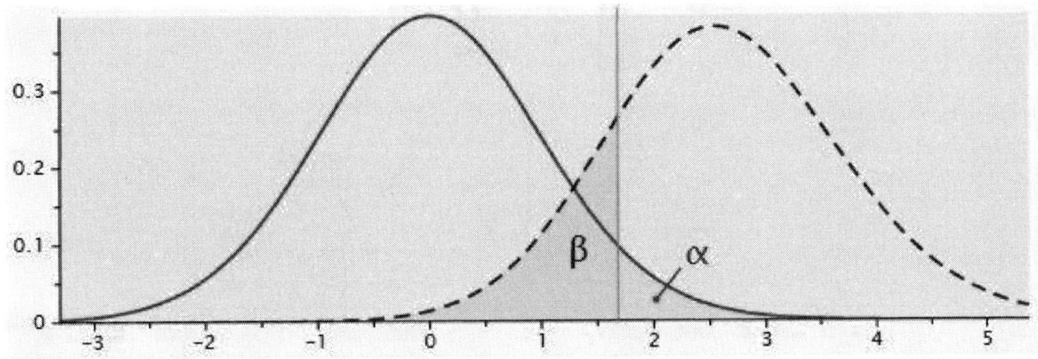

⟨그림 1.1⟩ 제1종 오류(α)와 제2종 오류(β)

hypothesis)은 다음과 같다.

$$
\begin{aligned}
&(a) \quad H_0 : \mu_1 = \mu_2 \ \text{ vs } \ H_1 : \mu_1 \neq \mu_2 \\
&(b1) \quad H_0 : \mu_1 = \mu_2 (\text{또는 } \mu_1 \geq \mu_2) \ \text{ vs } \ H_1 : \mu_1 < \mu_2 \\
&(b2) \quad H_0 : \mu_1 = \mu_2 (\text{또는 } \mu_1 \leq \mu_2) \ \text{ vs } \ H_1 : \mu_1 > \mu_2
\end{aligned}
$$

여기에서 (a)의 경우를 **양측검정**(two-tailed test)이라고 하고 (b)의 경우를 **단측검정**(one-tailed tcst)이라고 한다. 즉, 대립가설(연구자의 연구가설)의 내용에 따라 양측검정 또는 단측검정이 된다. 연구자의 목적은 귀무가설이 기각(대립가설이 채택)되는지의 여부를 결정하는 데 있으며, 귀무가설은 반증이 되기 전까지는 사실인 것으로 가정된다.

대응표본(paired sample)에 의한 평균 차이를 검정하는 경우를 다루어 보자. 귀무가설의 기각(대립가설의 채택) 여부를 결정하는 데 통상적으로 사용되는 **검정통계량**(testing statistics)은 다음과 같은 t-통계량이다.

$$T = \frac{\bar{x}_1 - \bar{x}_2}{s/\sqrt{n}} \tag{1.1}$$

여기에서 $\bar{x}_1$과 $\bar{x}_2$는 표본 평균이고 s는 표본 표준편차이다. 그리고 관측된 T의 절댓값이 기준이 되는 임계치보다 큰 경우, 즉

$$|T| > c_\alpha \tag{1.2}$$

인 경우 귀무가설을 기각(대립가설을 채택)하게 된다. 위의 식 (1.2)와 같은 영역을 **기각역**(rejection region)이라고 한다.

실제 모집단의 모평균 차이가 없는데도 불구하고 실험이나 관측을 통해서 표본으로부터 얻어진 평균 차이가 크게 나타날 수 있다. 만약 표본으로부터 얻은 평균 차이가 우연히

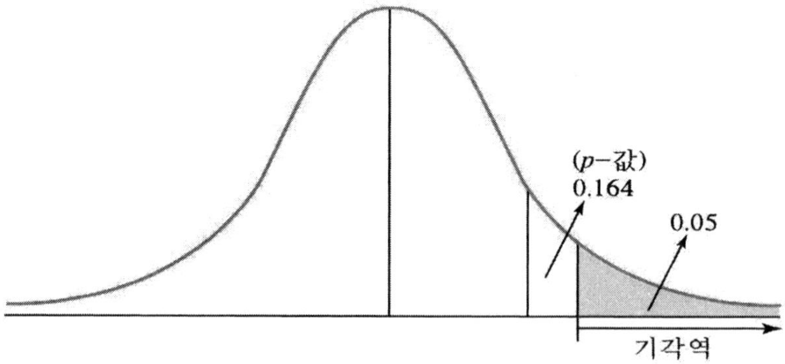

〈그림 1.2〉 기각역과 유의확률(p-값)

크게 나타났다면 연구자는 사실과 다르게 귀무가설을 기각(대립가설을 채택)하는 잘못을 범하게 된다. 이러한 종류의 오류를 **제1종 오류**(Type Ⅰ error)라고 한다. 그리고 제1종 오류가 일어날 확률의 최대 허용치를 **유의수준**(significance level)이라고 하며 통상 α로 표기한다. 식 (1.2)에서 임계치 c_α는 주어진 유의수준에 의존한다. 통상 유의수준 α는 매우 낮은 수준으로 정해지도록 요구되며, 많은 경우 0.01, 0.05, 0.10 정도가 적용된다.

예를 들어, 유의수준 α를 0.05로 정하고 $|T| > c_\alpha$인 것으로 나타났을 때 "유의수준 5% 하에서 귀무가설이 기각(대립가설이 채택)된다" 또는 "유의수준 5%하에서 평균 차이가 통계적으로 유의하다"고 표현한다.

반면에 대립가설이 옳은데도 불구하고 표본으로부터 관측된 평균 차이가 우연히 매우 작을 수도 있다. 이때 연구자는 이러한 결과에 근거하여 귀무가설을 기각하지 않는(대립가설을 채택하지 않는) 잘못을 범하게 되는데, 이러한 오류를 **제2종 오류**(Type Ⅱ error)라고 하며 이러한 오류가 일어날 확률을 β로 표기한다.

대립가설이 사실일 때 대립가설을 채택(귀무가설을 기각)하게 될 확률은 '$1-\beta$'가 되는데 이를 **검정력**(power of test)이라고 한다. 검정력 '$1-\beta$'는 보통 0.80 이상의 높은 값을 가지도록 요구된다.

유의확률(significance probability)은 '귀무가설하에서 관측된 사건과 그것보다 더 귀무가설에 반하는 총사건에 대한 확률(즉, 귀무가설하에서 관측된 검정통계량의 값보다 더 극단적인 값이 나올 확률)'로서 그 값이 작을수록 귀무가설 H_0에 반하는(대립가설 H_1을 지지하는) 강한 증거가 된다. 유의확률은 보통 p-값(p-value)으로 불린다. 결론적으로, p-값이 유의수준(α)보다 작으면 검정통계량의 실제값이 기각역에 포함되어서 귀무가설을 기각하여 대립가설을 채택할 수 있다는 것을 의미하며, p-값이 유의수준(α)보다 크면 귀무가설을 기각할 수(대립가설을 채택할 수) 없다는 것을 의미한다.

1.3 효과크기와 실제적 유의성

앞에서의 귀무가설과 대립가설을 보다 일반화하여 다음과 같은 가설을 고려하자.

$$H_0 : \mu_1 - \mu_2 \leq \delta \ \text{ vs } \ H_1 : \mu_1 - \mu_2 > \delta$$

여기에서 δ는 연구분야에서 실제적으로 의미 있다고 간주할 수 있는 평균 차이를 의미한다. 예를 들어, 소요되는 비용과 노력을 고려할 때, 새로운 처리 방법이 기존의 방법에 비하여 어떤 신체 특성치에 있어서 $\delta = 10$ 이상의 차이를 나타내어야 새로운 처리 방법을 도입하는 의미가 있다면, '$H_1 : \mu_1 - \mu_2 > 10$'이라는 대립가설이 채택될 수 있어야 한다. 이때 $\delta(= \mu_1 - \mu_2) = 10$은 일종의 **효과크기**(effect size)의 의미를 갖는다.

두 모집단 평균을 비교하는 경우에 있어서, 보다 일반적으로는 효과크기를 다음과 같이 정의한다.

$$d = \frac{|\mu_1 - \mu_2|}{\sigma} \tag{1.3}$$

식 (1.3)의 효과크기 d는 다음과 같은 특징이 있다. 첫째, 측정단위에 의존하지 않는다. 따라서 d를 $\delta(= \mu_1 - \mu_2)$와 대비하여 표준화된 효과크기라고도 한다. 예를 들어, 어떤 처리 방법에 따른 신체 특성치의 변화에 있어서 측정단위를 센티미터(cm)로 하였느냐 미터(m)로 하였느냐에 따라서 δ는 100배만큼 다르게 계산되지만, d는 측정단위에 무관하게 동일한 값으로 계산된다. 둘째, 표본크기에 의존하지 않는다. 통계적 유의성을 나타내는 식 (1.1)의 검정통계량의 경우에는 표본크기가 커짐에 따라서 이 값도 커지게 된다. 반면에 실제적 유의성을 나타내는 효과크기 d는 표본크기에 의존하지 않는다.

실제 연구에서 효과크기가 가지는 주요 의미는 다음과 같다. 첫째, 어떤 연구의 결과로서 보고되는 효과크기는 실제적 유의성을 나타낸다. 즉, 효과크기 d를 보고함으로써 그 연구에서 어느 정도의(큰 혹은 작은) 평균 차이가 나타났는지를 제시할 수 있다. 둘째, 실험 또는 관측 연구를 계획하는 단계에서 효과크기는 표본크기를 정하는 것과 밀접한 관련이 있다.

Cohen(1988)은 행동과학 연구에서 주로 사용되는 여러 가지 통계분석 방법들에 대하여 효과크기를 계산하는 공식을 제안하였고, 작고 큰 정도를 나름대로 정의하였다. 평균 차이의 비교에 대한 효과크기 d의 경우에서 효과크기의 의미를 예를 들어 설명한다. 예컨대, 실험군(새로운 처리를 받은 환자 그룹)이 대조군(기존의 처리를 받은 환자 그룹)에 비하여 어떤 신체 특성치의 증가에 있어 d만큼의 효과를 가진다고 하자. 만약 $d = 2$이면 실험군의 평균 μ_1은 귀무가설 분포의 상위 2%에 해당한다(그림 1.3). 즉, 실험군의 중간(평균)에 해당하는 환자가 대조군의 98%보다 낫다는 것을 의미한다. 이런 식으로 Cohen(1988)이 정의한 효과크기의 의미를 설명하면 다음과 같다.

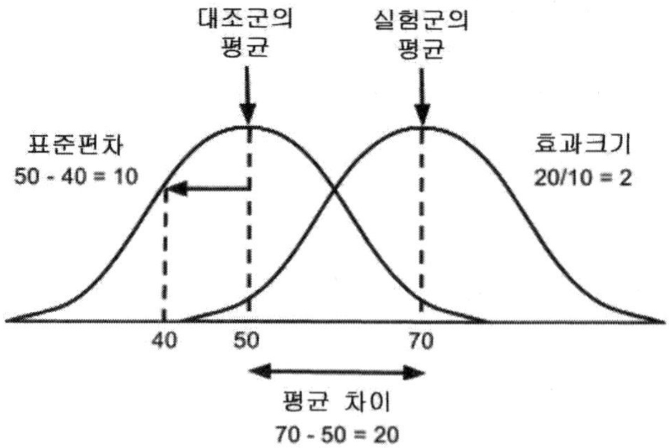

〈그림 1.3〉 평균 차이와 효과크기

- $d = 0.2$(small, 작은 효과크기): 실험군의 평균 수준이 대조군 분포의 상위 42% 정도에 해당함.
- $d = 0.5$(medium, 중간의 효과크기): 실험군의 평균 수준이 대조군 분포의 상위 31% 정도에 해당함.
- $d = 0.8$(large, 큰 효과크기): 실험군의 평균 수준이 대조군 분포의 상위 21% 정도에 해당함.

이러한 식의 기준을 이용하는 것이 장점만 가지는 것은 아니다. 이와 같은 기준은 실제의 다양한 상황을 너무 단순화 시킨다는 비판을 받고 있다. 예를 들어, 어떤 연구의 상황에서는 10 정도의 평균 차이가 매우 큰 의미를 가질 수 있지만, 다른 연구의 상황에서는 그 정도의 차이에 대한 실제적 의미가 사소할 수도 있다. 따라서 연구자는 자신의 연구에서 어느 정도의 효과크기가 실제적 의미를 가질 수 있는지를 잘 파악할 필요가 있다.

1.4 표본크기 결정

일반적으로 표본크기(sample size)는 유의수준 α, 검정력 $1-\beta$, 효과크기 d와 관련이 있다. 통상 유의수준 α는 0.05 정도의 값으로 고정된다는 점을 고려할 때, 효과크기가 큰 경우에는 작은 표본크기로도 높은 검정력을 기대할 수 있지만, 효과크기가 작은 경우에는 높은 검정력을 달성하기 위해서 많은 표본크기가 필요하다. 검정력이 낮다는 것은, 연구자의 주장인 대립가설이 실제 사실임에도 불구하고, 애써 수행한 실험에서 대립가설이 사실이라는 충분한(통계적으로 유의한) 근거를 보일 수 없게 된다는 것을 의미한다.

표본크기 결정의 문제에 있어서 Polity & Sherman(1990)은 효과크기를 정하기 위해 다음과 같은 네 가지 방법을 설명하였다(이재원 등, 1998).

(1) 과거의 비슷한 연구로부터 효과크기를 추정하는 것이다. 관련된 연구가 많이 있을 때는 메타분석(meta analysis)을 사용해서 추정하는 것이 가장 바람직하다고 하겠다.
(2) 관련된 연구가 거의 없다면 작은 규모의 시험연구(pilot study)를 실시하여 추정하는 것이 좋다.
(3) 시험연구를 실시할 상황이 아니면 가상표(dummy table)를 작성하여 임상적으로나 이론적으로 가치가 있기에 충분히 크다고 간주할 수 있는 가장 작은 효과크기를 계산한다. 예를 들어, 어떤 금연 요법이 적어도 10%의 금연효과를 가져올 때 효과적이고 가치 있는 것이라고 간주할 수 있다면, 효과크기를 이 값에 근거하여 추정할 수 있다.
(4) 이 방법은 앞의 세 가지 방법을 적용할 수 없을 때 사용하는 방법인데, 과거의 경험적 결과로부터 단지 효과크기가 작은지(small), 적당한지(medium), 큰지(large)만을 선택하여 그에 따라 정해진 추정치를 사용하는 것이다. 이 방법을 사용하는 데 있어서 강조할 점은 새로운 연구 주제에서는 보통 효과크기가 기대보다 작을 수 있다는 것이다.

표본크기의 결정에 있어서 적절한 효과크기를 추측하는 것은 매우 중요하다. 이 책에서는 기존의 유사한 연구로부터 효과크기에 관한 정보를 얻을 수 있는 상황을 가정할 것이다. 그러나 항상 표본크기 계산을 위한 모든 정보가 주어지는 것은 아니기 때문에, 연구자는 현실적으로 가능한 방법들을 조화롭게 사용하여 적절한 효과크기를 추정할 수 있도록 노력해야 한다.

일반적으로 표본크기는 일정 기준의 검정력을 넘도록 요구된다. 가능한 방법 중 하나는, 효과크기 등 필요한 정보들이 주어진 상태에서, 검정통계량의 분포를 이용하여 주어진 검정력을 넘게 되는 표본크기를 찾는 것이다. 예를 들어, 대응표본 t-검정의 경우 검정통계량 T는 귀무가설하에서 $t(n-1)$ 분포를 따르며, 대립가설하에서 비중심 $t(n-1,\delta)$ 분포를 따른다($\delta = \sqrt{n}d$). 따라서 이와 같은 사실을 이용하여 표본크기를 계산할 수 있다.

1.5 G*Power 소프트웨어 맛보기

G*Power는 검정력 분석과 표본크기 계산을 위하여 가장 널리 사용되는 공개 소프트웨어 중 하나이다(http://www.gpower.hhu.de/). 여기에서는 독립표본 t-검정의 경우에 대하여 G*Power 소프트웨어의 사용법을 간단히 설명한다.[1]

[1] 이 책에서는 G*Power Release 3.1.9.2를 사용하고 있다(G*Power 3.1 manual, 2017).

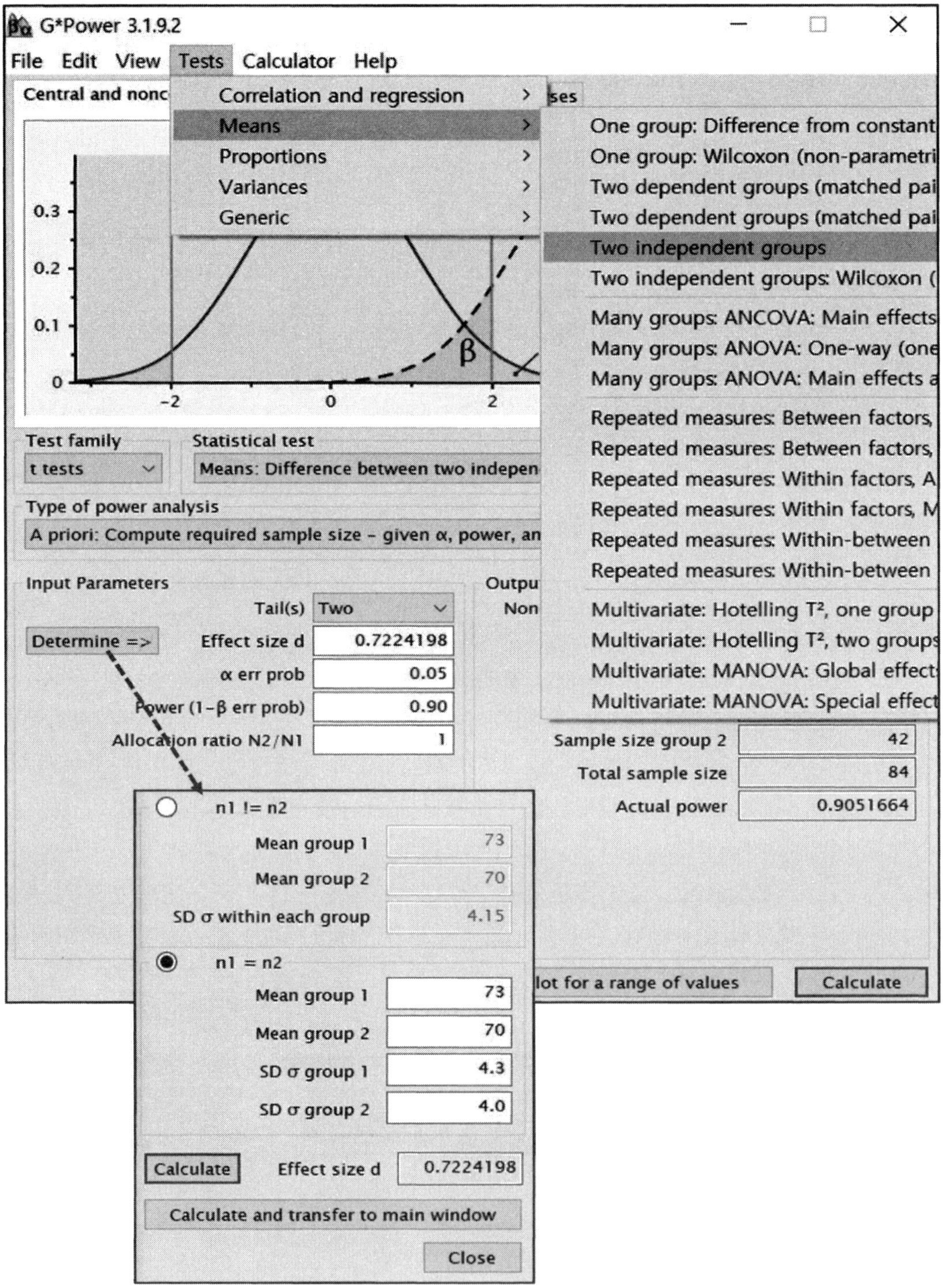

〈그림 1.4〉 G*Power의 메인 윈도우와 효과크기 계산을 위한 대화상자

먼저, 독립표본 t-검정을 분석기법으로 선택하기 위해 풀-다운 메뉴에서 'Tests>Means>Two independent groups'를 클릭한다. 그러면 G*Power 메인 윈도우에 독립표본 t-검정의 표본크기 계산을 위한 입력 필드들이 나타난다(그림 1.4 참조).

입력 필드들 중 효과크기(effect size)는 직접 입력할 수 있으며, 다른 정보들을 이용하여 효과크기를 계산할 수도 있다. G*Power 메인 윈도우의 'Determine ⇒' 버튼을 클릭하면 효과크기 계산을 위한 대화상자가 나타난다(그림 1.4 참조).

독립표본 t-검정의 경우 효과크기를 산출하기 위해서는 두 집단의 평균과 표준편차를 입력해야 하는데, 이 예에서는 $\mu_1 = 73$, $\mu_2 = 70$, $\sigma_1 = 4.3$, $\sigma_2 = 4.0$을 입력하여 보자. 입력을 마친 후 대화상자의 Calculate 버튼을 클릭하면 효과크기가 계산된다(이 예에서는 $d = 0.722$). 한편, 대화상자의 'Calculate and transfer to main window' 버튼을 클릭하면, 계산된 효과크기 값이 G*Power 메인 윈도우의 입력 필드에 설정된다.

이제 표본크기를 계산하기 위하여 G*Power 메인 윈도우에서 각 입력 필드의 값을 설정해 보도록 하자. ⟨그림 1.4⟩에서 볼 수 있듯이 독립표본 t-검정의 경우 입력 필드들은 다음과 같다(제2장 참조).

- Tail(s): One = 단측검정, Two = 양측검정 [초기값 = One]
- Effect size d: 효과크기 [초기값 = 0.5]
- α err prob: 유의수준 [초기값 = 0.05]
- Power($1 - \beta$ err prob): 검정력 [초기값 = 0.95]
- Allocation ratio N2/N1: 두 집단 표본크기의 비 [초기값 = 1]

요구되는 입력 필드의 값들을 모두 설정하고, G*Power의 메인 윈도우에서 Calculate 버튼을 클릭하면 표본크기와 실제 검정력(actual power) 등이 계산되어 출력된다. 예를 들어, "양측검정(two-tail test), 효과크기(d) = 0.722, 유의수준(α) = 0.05, 검정력($1-\beta$) = 0.90, $n_2/n_1 = 1$"의 조건하에서 표본크기를 계산하면 다음과 같은 결과가 출력된다(그림 1.4 참조).

- ◦ Sample size group 1(n_1) = 42
- ◦ Sample size group 2(n_2) = 42
- ◦ Total sample size($n = n_1 + n_2$) = 84
- ◦ Aactual power = 0.905

제 2 장
평균 차이에 대한 검정(t-검정)

Test of means(t-test)

이 장에서는 "실험군과 대조군의 치료효과에 대한 평균이 같은가?" 또는 "남학생과 여학생의 학업성취능력에 대한 평균이 같은가?"와 같이 모평균 μ_1과 μ_2에 대한 차이를 검정하는 t-검정을 다룬다.

2.1 단일표본 t-검정

두 모평균의 차이에 대한 검정의 경우를 다루기에 앞서, 하나의 평균에 대한 검정을 수행하는 단일표본 t-검정의 경우를 먼저 다룬다. 단일표본 t-검정에서는 정규분포에 따르는 한 개의 표본(one sample)으로부터 자료가 얻어졌다고 가정한다. 단일표본 t-검정에서 일반적인 양측검정 가설은 다음과 같다.

$$H_0 : \mu = \mu_0, \quad H_1 : \mu = \mu_1 (\neq \mu 0)$$

2.1.1 SPSS 분석 사례

강현철 등(2010)에서 제시된 사례를 다루어 보도록 한다.[1] 여기에서 사용된 변수의 내용과 SPSS의 출력결과 중 일부는 다음과 같다.[2]

- 검정변수: 서비스 만족도(Csi)
- 검정값: 70

<일표본 통계량>

	N	평균	표준편차	평균의 표준오차
서비스 만족도	25	72.32	11.600	2.320

<일표본 검정>

검정값 = 70						
		차이의 95% 신뢰구간				유의확률
	평균차이	하한	상한	t	자유도	(양측)
서비스 만족도	2.320	-2.47	7.11	1.000	24	.327

[1]강현철, 한상태, 최호식 (2010). ≪SPSS 데이터 분석 입문≫, p. 155-158.

[2]SPSS의 '분석(A)>평균 비교(M)>일표본 T 검정(S)' 메뉴를 이용하였다.

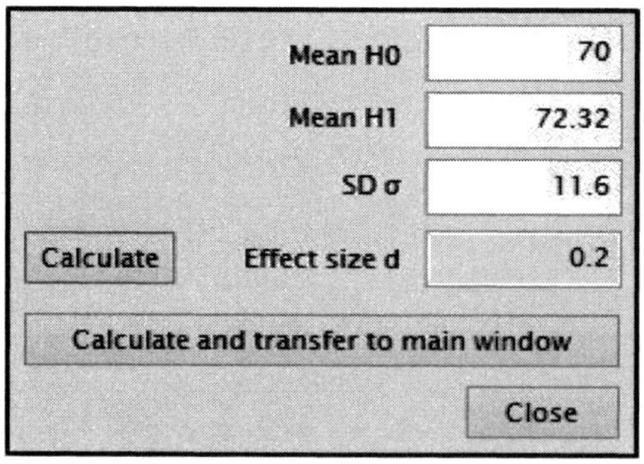

〈그림 2.1〉 단일표본 t-검정의 효과크기 계산

2.1.2 효과크기 계산

단일표본 t-검정의 효과크기는 다음과 같이 정의된다.

$$d = \frac{|\mu_1 - \mu_0|}{\sigma}$$

여기에서 σ는 표준편차(standard deviation)를 나타낸다.

Cohen(1988)은 단일표본 t-검정에서의 효과크기 d에 대하여 다음과 같은 일반적인 기준을 제시하였다.

- 작은(small): $d = 0.2$
- 중간의(midium): $d = 0.5$
- 큰(large): $d = 0.8$

〈G*Power〉 단일표본 t-검정의 효과크기 계산을 위한 입력 사항

메뉴: Tests>Means>One group: Difference from constant

- Mean H0: 귀무가설하에서의 평균(μ_0).
- Mean H1: 대립가설하에서의 평균(μ_1).
- SD σ: 표준편차(σ).

앞의 분석 사례에 대하여 효과크기를 계산하여 보자(그림 2.1 참조). 예를 들어, Mean H0($\bar{x}$) $= 73.32$, Mean H1(μ_0) $= 70$, SD $\sigma(s) = 11.6$을 입력하면 효과크기의 추정치 $\hat{d} = 0.2$가 계산된다.

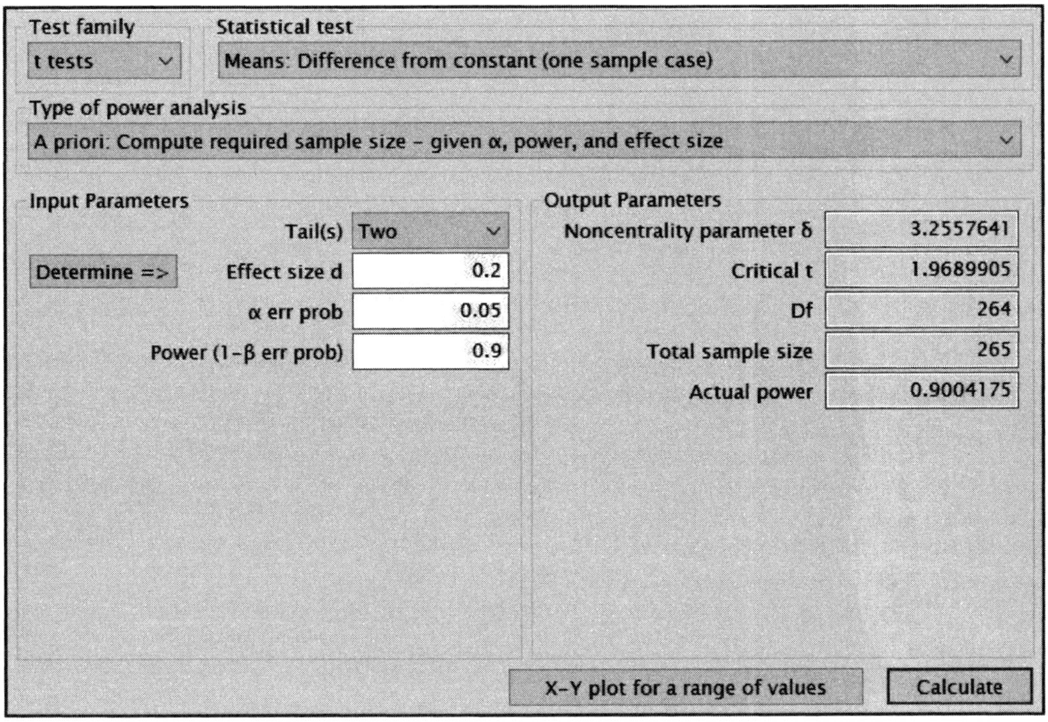

〈그림 2.2〉 단일표본 t-검정의 표본크기 계산

〈참조〉 효과크기의 추정치 $\hat{d}$의 계산 과정

효과크기의 추정치를 계산하면 다음과 같다.

$$\hat{d} = \frac{|\bar{x} - \mu_0|}{s} = \frac{|72.32 - 70|}{11.6} = 0.2$$

여기에서 $\bar{x}$는 표본 평균이고, s는 표본 표준편차이다.

2.1.3 표본크기 계산

G*Power의 메인 윈도우에서 단일표본 t-검정의 표본크기 계산을 위해 필요한 입력 사항은 다음과 같다(그림 2.2 참조).

〈G*Power〉 단일표본 t-검정의 표본크기 계산을 위한 입력 사항

메뉴: Tests>Means>One group: Difference from constant

- Tail(s): One = 단측검정, Two = 양측검정 [초기값 = One]
- Effect size d: 효과크기 [초기값 = 0.5]
- α err prob: 유의수준 [초기값 = 0.05]
- Power($1-\beta$ err prob): 검정력 [초기값 = 0.95]

예를 들어, "양측검정(two-tail test), 효과크기(d) = 0.2, 유의수준(α) = 0.05, 검정력($1-\beta$) = 0.9"의 조건하에서 표본크기를 계산하면 $n = 265$가 산출된다(그림 2.2 참조).

또한, 나머지 조건을 동일하게 하고 단측검정(one-tail test)을 위한 표본크기를 계산하면 $n = 216$이 산출된다.

한편, 효과크기 d에 대하여 Cohen(1988)의 일반적인 기준하에서 표본크기를 계산하면 다음과 같다[유의수준(α) = 0.05, 검정력($1-\beta$) = 0.9].

d	양측검정	단측검정
0.2(small)	265	216
0.5(midium)	44	36
0.8(large)	19	15

⟨참조⟩ 단일표본 t-검정의 표본크기 계산 공식 – 근사적 방법

표준정규분포의 임계치를 이용하여 단일표본 t-검정의 표본크기를 근사적으로 계산하는 공식은 다음과 같다(단측검정의 경우 $z_{\alpha/2}$ 대신에 z_α를 사용).

$$n \geq \frac{(z_{\alpha/2} + z_\beta)^2\sigma^2}{\delta^2}$$

여기에서 z는 표준정규분포의 임계치를 나타낸다($z_{0.025} = 1.96$, $z_{0.05} = 1.645$, $z_{0.1} = 1.282$, $z_{0.2} = 0.842$ 등). 또한 $\delta = |\mu_1 - \mu_0|$는 대립가설과 귀무가설하에서의 평균 차이를 나타낸다.

2.1.4 Wilcoxon의 부호순위 검정

Wilcoxon의 부호순위 검정(signed-rank test)은 단일표본 t-검정에 대응되는 비모수적(nonparametric) 검정으로, 정규성이나 등분산성 등의 가정 없이 위치모수(location parameter)에 대한 검정을 수행한다.

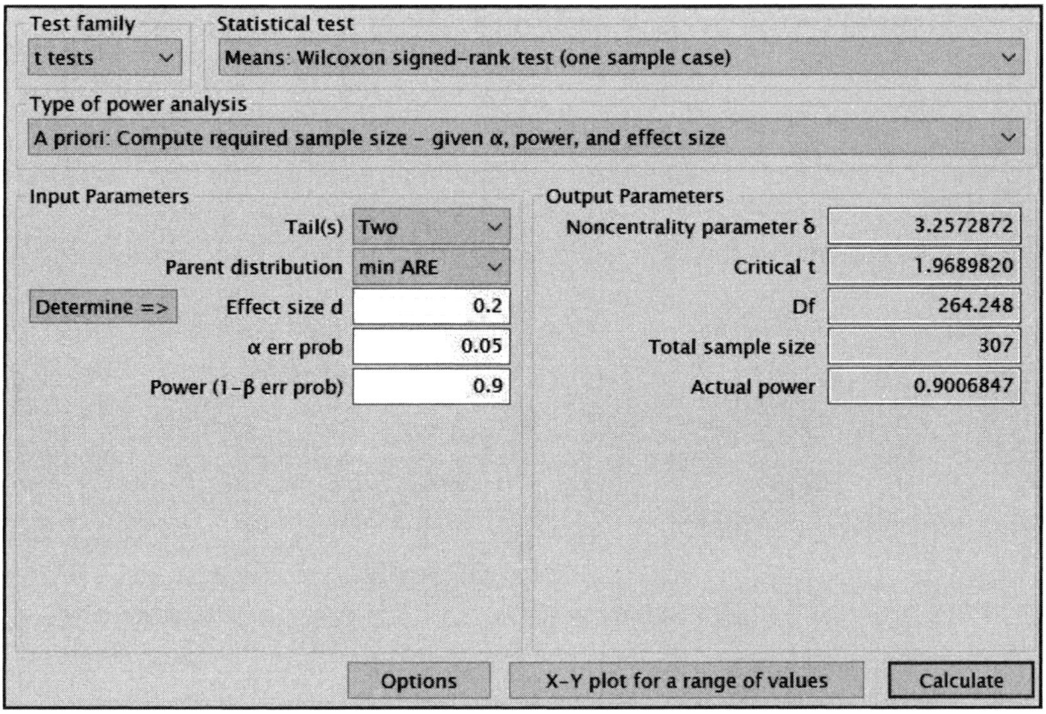

〈그림 2.3〉 Wilcoxon 부호순위 검정의 표본크기 계산

G*Power의 'Tests>Means>One group: Wilcoxon (non-parametric)' 메뉴를 이용하면 Wilcoxon의 부호순위 검정에 대한 표본크기를 계산할 수 있다(그림 2.3 참조). 다만, 표본크기 계산을 위해서 분포에 대한 가정이 필요한데 Normal, Laplace, Logistic, min ARE(asymptotic relative efficiency) 중에서 선택할 수 있다.

예를 들어, "양측검정(two-tail test), 모분포(parent distribution) = min ARE, 효과크기(d) $= 0.2$, 유의수준(α) $= 0.05$, 검정력($1-\beta$) $= 0.9$"의 조건하에서 표본크기를 계산하면 $n = 307$이 산출된다(그림 2.3 참조).

2.2 독립표본 t-검정

독립표본 t-검정에서는 정규분포에 따르는 두 개의 독립표본(independent sample)으로부터 자료가 얻어졌다고 가정한다. 독립표본 t-검정에서 일반적인 양측검정 가설은 다음과 같다.

$$H_0 : \mu_1 = \mu_2, \quad H_1 : \mu_1 \neq \mu_2$$

2.2.1 SPSS 분석 사례

한상태 등(2009)에 제시된 사례를 다루어 보도록 한다.[3] 여기에서 사용된 변수의 내용과 SPSS의 출력결과 중 일부는 다음과 같다.[4]

- 집단변수: 두 집단을 구분하는 변수(Group). 1 = 실험군, 2 = 대조군.
- 검정변수: 독해력 성적(Score).

<집단통계량>

집단	N	평균	표준편차	평균의 표준오차
실험군	8	75.38	4.373	1.546
대조군	8	72.13	4.086	1.445

<평균의 동일성에 대한 T 검정>

	차이의	차이의 95% 신뢰구간				유의확률
평균차이	표준오차	하한	상한	t	자유도	(양측)
3.250	2.116	-1.288	7.788	1.536	14	.147

2.2.2 효과크기 계산

독립표본 t-검정의 효과크기는 다음과 같이 정의된다.

$$d = \frac{|\mu_1 - \mu_2|}{\sigma}$$

여기에서 σ는 공통 표준편차(common standard deviation)를 나타내며, 다음과 같이 정의된다(σ_1과 σ_2는 각각 두 집단의 표준편차를 나타낸다).

- 두 집단의 표본크기가 같은 경우($n_1 = n_2$):

$$\sigma = \sqrt{\frac{\sigma_1^2 + \sigma_2^2}{2}}$$

- 두 집단의 표본크기가 다른 경우($n_1 \neq n_2$):

$$\sigma = \sqrt{\frac{n_1^2\sigma_1^2 + n_2^2\sigma_2^2}{n_1 + n_2}}$$

[3] 한상태, 강현철, 허명회 (2009). ≪SPSS 분산분석≫, p. 23-26. 데이터를 일부 수정하여 사용하였음.

[4] SPSS의 '분석(A)>평균 비교(M)>독립표본 T 검정' 메뉴를 이용하였다.

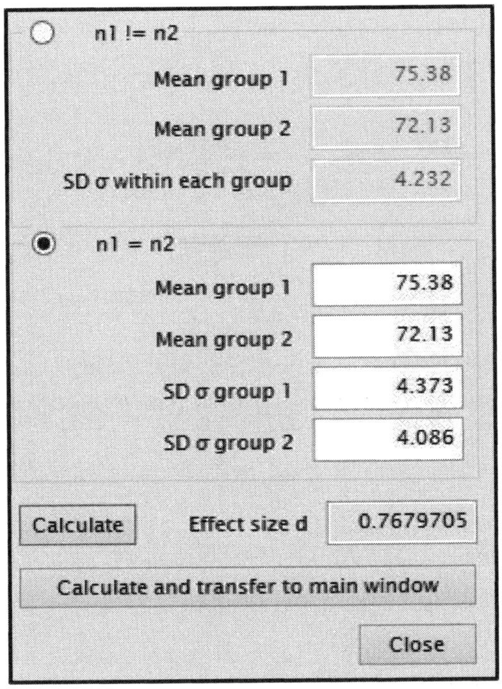

〈그림 2.4〉 독립표본 t-검정의 효과크기 계산

Cohen(1988)은 독립표본 t-검정에서의 효과크기 d에 대하여 다음과 같은 일반적인 기준을 제시하였다.

- 작은(small): $d = 0.2$
- 중간의(midium): $d = 0.5$
- 큰(large): $d = 0.8$

〈G*Power〉 독립표본 t-검정의 효과크기 계산을 위한 입력 사항

메뉴: Tests>Means>Two independent groups

☐ $n_1 \neq n_2$

- Mean group 1: 집단 1의 평균(μ_1).
- Mean group 2: 집단 2의 평균(μ_2).
- SD σ within each group: 공통 표준편차(σ).

☐ $n_1 = n_2$

- SD σ group 1: 집단 1의 표준편차(σ_1).

- SD σ group 2: 집단 2의 표준편차(σ_2).

앞의 분석 사례에 대하여 $n_1 \neq n_2$, $n_1 = n_2$ 각각의 경우에 대한 효과크기를 계산하여 보자(그림 2.4 참조).

(1) $n_1 \neq n_2$일 경우

예를 들어, Mean group 1($\bar{x}_1$) = 75.38, Mean group 2($\bar{x}_2$) = 72.13, SD σ within each group($\hat{\sigma}$) = 4.232를 입력하면 효과크기의 추정치 $\hat{d} = 0.768$이 계산된다.

(2) $n_1 = n_2$일 경우

예를 들어, Mean group 1($\bar{x}_1$) = 75.38, Mean group 2($\bar{x}_2$) = 72.13, SD σ group 1(s_1) = 4.373, SD σ group 2(s_2) = 4.086을 입력하면 효과크기의 추정치 $\hat{d} = 0.768$이 계산된다.

⟨참조⟩ 효과크기의 추정치 $\hat{d}$의 계산 과정

공통 표준편차의 추정치를 계산하면 다음과 같다.

$$\hat{\sigma} = \sqrt{\frac{s_1^2 + s_2^2}{2}} = \sqrt{\frac{4.373^2 + 4.086^2}{2}} = 4.232$$

여기에서 s_1과 s_2는 각각 두 집단의 표본 표준편차이다. 효과크기의 추정치를 계산하면 다음과 같다.

$$\hat{d} = \frac{|\bar{x}_1 - \bar{x}_2|}{\hat{\sigma}} = \frac{|75.38 - 72.13|}{4.232} = 0.768$$

여기에서 $\bar{x}_1$과 $\bar{x}_2$는 각각 두 집단의 표본 평균이다.

2.2.3 표본크기 계산

G*Power의 메인 윈도우에서 독립표본 t-검정의 표본크기 계산을 위해 필요한 입력 사항은 다음과 같다(그림 2.5 참조).

⟨G*Power⟩ 독립표본 t-검정의 표본크기 계산을 위한 입력 사항

메뉴: Tests>Means>Two independent groups

- Tail(s): One = 단측검정, Two = 양측검정 [초기값 = One]

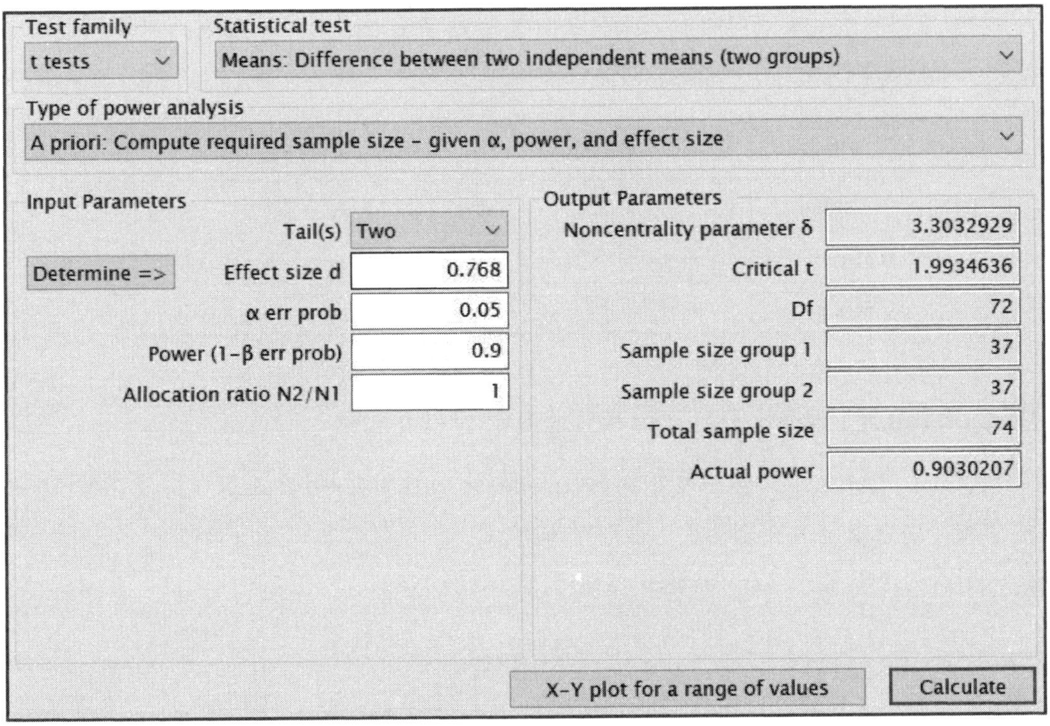

〈그림 2.5〉 독립표본 t-검정의 표본크기 계산

- Effect size d: 효과크기 [초기값 $= 0.5$]
- α err prob: 유의수준 [초기값 $= 0.05$]
- Power($1 - \beta$ err prob): 검정력 [초기값 $= 0.95$]
- Allocation ratio N2/N1: 두 집단 표본크기의 비를 의미한다. 예를 들어, '1'을 입력하면 실험군과 대조군의 표본크기를 동일하도록 실험을 설계한다는 의미이며, '2'를 입력하면 대조군의 표본크기를 실험군의 표본크기에 비하여 2배가 되도록 한다는 의미이다. [초기값 $= 1$]

예를 들어, "양측검정(two-tail test), 효과크기(d) $= 0.768$, 유의수준(α) $= 0.05$, 검정력 $(1 - \beta) = 0.9$, $n_2/n_1 = 1$"의 조건하에서 표본크기를 계산하면 $n_1 = n_2 = 37(n = 74)$가 산출된다(그림 2.5 참조).

또한, 나머지 조건을 동일하게 하고 단측검정(one-tail test)을 위한 표본크기를 계산하면 $n_1 = n_2 = 30(n = 60)$이 산출된다.

한편, 효과크기 d에 대하여 Cohen(1988)의 일반적인 기준하에서 표본크기를 계산하면 다음과 같다[유의수준(α) = 0.05, 검정력($1-\beta$) = 0.9, $n_2/n_1 = 1$].

d	양측검정	단측검정
0.2(small)	$n_1 = n_2 = 527(n = 1,054)$	$n_1 = n_2 = 429(n = 858)$
0.5(midium)	$n_1 = n_2 = 86(n = 172)$	$n_1 = n_2 = 70(n = 140)$
0.8(large)	$n_1 = n_2 = 34(n = 68)$	$n_1 = n_2 = 28(n = 56)$

〈참조〉 독립표본 t-검정의 표본크기 계산 공식 – 근사적 방법

집단 1과 집단 2의 표본크기의 비율(allocation ratio)이 r이라고 할 때, 표준정규분포의 임계치를 이용하여 독립표본 t-검정의 표본크기를 근사적으로 계산하는 공식은 다음과 같다(단측검정의 경우 $z_{\alpha/2}$ 대신에 z_α를 사용, $n_2 = rn_1$).

$$n_1 \geq \frac{(r+1)}{r}\frac{(z_{\alpha/2}+z_\beta)^2\sigma^2}{\delta^2}$$

여기에서 z는 표준정규분포의 임계치를 나타낸다($z_{0.025} = 1.96$, $z_{0.05} = 1.645$, $z_{0.1} = 1.282$, $z_{0.2} = 0.842$ 등). 또한 $\delta = |\mu_1 - \mu_2|$는 두 집단의 평균 차이를 나타낸다.

2.2.4 Wilcoxon의 순위합 검정

Wilcoxon의 순위합 검정(rank-sum test)은 독립표본 t-검정에 대응되는 비모수적(non-parametric) 검정으로,[5] 정규성이나 등분산성 등의 가정 없이 위치모수(location parameter)의 차이에 대한 검정을 수행한다.

G*Power의 'Tests>Means>Two independent groups: Wilcoxon (non-parametric)' 메뉴를 이용하면 Wilcoxon의 순위합 검정에 대한 표본크기를 계산할 수 있다(그림 2.6 참조). 다만, 표본크기 계산을 위해서 분포에 대한 가정이 필요한데 Normal, Laplace, Logistic, min ARE(asymptotic relative efficiency) 중에서 선택할 수 있다.

예를 들어, "양측검정(two-tail test), 모분포(parent distribution) = min ARE, 효과크기(d) = 0.768, 유의수준(α) = 0.05, 검정력($1-\beta$) = 0.9, $n_2/n_1 = 1$"의 조건하에서 표본크기를 계산하면 $n_1 = n_2 = 43(n = 86)$이 산출된다(그림 2.6 참조).

[5] Wilcoxon-Mann-Whitney(WMW) 검정 또는 U-검정이라고도 불린다.

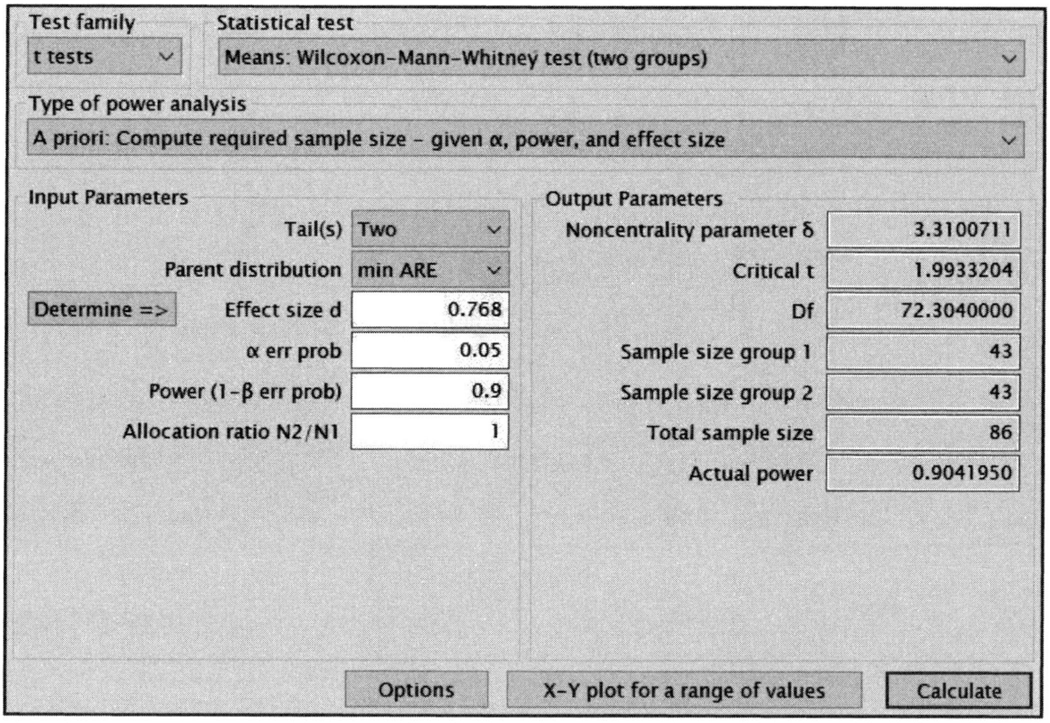

〈그림 2.6〉 Wilcoxon 순위합 검정의 표본크기 계산

2.3 대응표본 t-검정

대응표본 t-검정에서는 정규분포에 따르는 대응표본(matched sample)에서 쌍(pair)으로 이루어진 자료 (x_1, y_1), (x_2, y_2), $\cdots, (x_n, y_n)$이 얻어졌다고 가정한다. 이때 관심이 되는 귀무가설은 $\mu_x = \mu_y$이며, 쌍별 차이를 나타내는 변수 $z_i = x_i - y_i$를 이용하여 $\mu_z = 0$으로 재표현할 수 있다(즉, 단일표본 t-검정의 경우와 동일한 상황이 된다). 대응표본 t-검정에서 일반적인 양측검정 가설은 다음과 같다.

$$H_0 : \mu_z = 0, \quad H_1 : \mu_z \neq 0$$

2.3.1 SPSS 분석 사례

한상태 등(2009)에 제시된 사례를 다루어 보도록 한다.[6] 여기에서 사용된 변수의 내용과 SPSS의 출력결과 중 일부는 다음과 같다.[7]

[6] 한상태, 강현철, 허명회 (2009). ≪SPSS 분산분석≫, p. 28-29.

[7] SPSS의 '분석(A)>평균 비교(M)>대응표본 T 검정(P)' 메뉴를 이용하였다.

∘ 대응 변수: Pretest(사전 점수), Posttest(사후 점수).

<대응표본 통계량>

	N	평균	표준편차	평균의 표준오차
사전 점수	15	70.27	18.041	4.658
사후 점수	15	78.20	14.314	3.696

<대응표본 상관계수>

	N	상관관계	유의확률
사전 점수 & 사후 점수	15	.836	.000

<대응차이>

평균	표준편차	차이의 표준오차	차이의 95% 신뢰구간		t	자유도	유의확률 (양측)
			하한	상한			
-7.933	9.932	2.564	-13.433	-2.433	-3.094	14	.008

2.3.2 효과크기 계산

대응표본 t-검정의 효과크기는 다음과 같이 정의된다.

$$d_z = \frac{|\mu_z|}{\sigma_z} = \frac{|\mu_x - \mu_y|}{\sqrt{\sigma_x^2 + \sigma_y^2 - 2\rho_{xy}\sigma_x\sigma_y}}$$

여기에서 σ_z는 차이(difference)의 표준편차를 나타내며, σ_x와 σ_y는 각각 대응 변수 x와 y의 표준편차를 나타낸다. 그리고 ρ_{xy}는 x와 y의 상관계수를 나타낸다.

Cohen(1988)은 대응표본 t-검정에서의 효과크기 d_z에 대하여 다음과 같은 일반적인 기준을 제시하였다.

∘ 작은(small): $d_z = 0.2$
∘ 중간의(midium): $d_z = 0.5$
∘ 큰(large): $d_z = 0.8$

⟨G*Power⟩ 대응표본 t-검정의 효과크기 계산을 위한 입력 사항

메뉴: Tests>Means>Two dependent groups (matched pairs)

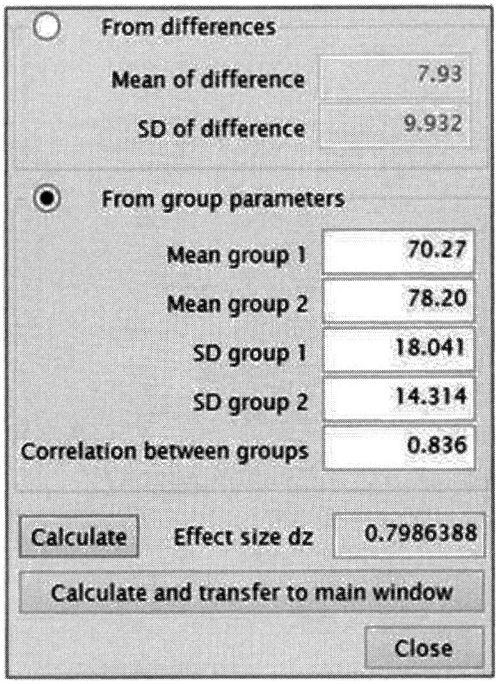

〈그림 2.7〉 대응표본 t-검정의 효과크기 계산

□ From differences

- Mean of differnces: 차이 변수의 평균(μ_z).
- SD of differnces: 차이 변수의 표준편차(σ_z).

□ From group parameters

- Mean group 1: x 변수의 평균(μ_x).
- Mean group 2: y 변수의 평균(μ_y).
- SD group 1: x 변수의 표준편차(σ_x).
- SD group 2: y 변수의 표준편차(σ_y).
- Correlation betweeen groups: 대응 변수의 상관계수(ρ_{xy}).

앞의 분석 사례에 대하여 효과크기를 계산하여 보자(그림 2.7 참조).

(1) 차이 변수 $z(=x-y)$를 이용하는 경우

예를 들어, Mean of differnces($\bar{z}$) $=7.93$, SD of differnces(s_z) $=9.932$를 입력하면 효과크기의 추정치 $\hat{d}_z=0.798$이 계산된다.

(2) 대응 변수 x와 y를 이용하는 경우

예를 들어, Mean group 1($\bar{x}$) = 70.27, Mean group 2($\bar{y}$) = 78.20, SD group 1(s_x) = 18.041, SD group 2(s_y) = 14.314, Correlation betweeen groups(r_{xy}) = 0.836을 입력하면 $\hat{d}_z = 0.798$이 계산된다.

⟨참조⟩ 효과크기의 추정치 $\hat{d}_z$의 계산 과정

차이 변수의 평균에 대한 추정치를 계산하면 다음과 같다.

$$\bar{z} = |\bar{x} - \bar{y}| = |70.27 - 78.20| = 7.93$$

여기에서 $\bar{x}$와 $\bar{y}$는 각각 대응 변수의 표본 평균을 나타낸다. 차이 변수의 표준편차에 대한 추정치를 계산하면 다음과 같다.

$$\begin{aligned}\hat{\sigma}_z &= \sqrt{s_x^2 + s_y^2 - 2r_{xy}s_xs_y} \\ &= \sqrt{18.041^2 + 14.314^2 - 2 \times 0.836 \times 18.041 \times 14.314} = 9.932\end{aligned}$$

여기에서 s_x와 s_y는 각각 대응 변수의 표본 표준편차를 나타낸다. 효과크기의 추정치를 계산하면 다음과 같다.

$$\hat{d}_z = \frac{|\bar{z}|}{\hat{\sigma}_z} = \frac{7.93}{9.932} = 0.798$$

2.3.3 표본크기 계산

G*Power의 메인 윈도우에서 대응표본 t-검정의 표본크기 계산을 위해 필요한 입력 사항은 다음과 같다(그림 2.8 참조).

⟨G*Power⟩ 대응표본 t-검정의 표본크기 계산을 위한 입력 사항

메뉴: Tests>Means>Two dependent groups (matched pairs)

- Tail(S): One = 단측검정, Two = 양측검정 [초기값 = One]
- Effect size dz: 효과크기 [초기값 = 0.5]
- α err prob: 유의수준 [초기값 = 0.05]
- Power($1 - \beta$ err prob): 검정력 [초기값 = 0.95]

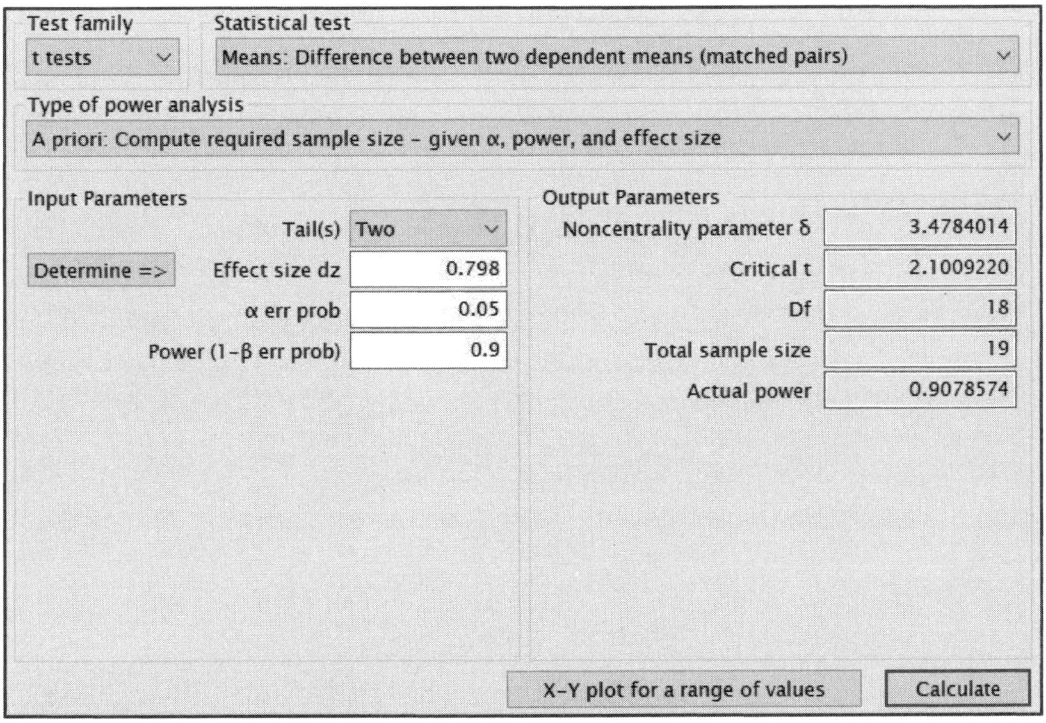

〈그림 2.8〉 대응표본 t-검정의 표본크기 계산

예를 들어, "양측검정(two-tail test), 효과크기$(d_z) = 0.798$, 유의수준$(\alpha) = 0.05$, 검정력$(1-\beta) = 0.9$"의 조건하에서 표본크기를 계산하면 $n = 19$가 산출된다(그림 2.8 참조). 또한, 나머지 조건을 동일하게 하고 단측검정(one-tail test)을 위한 표본크기를 계산하면 $n = 15$가 산출된다.

한편, 효과크기 d_z에 대하여 Cohen(1988)의 일반적인 기준하에서 표본크기를 계산하면 다음과 같다[유의수준$(\alpha) = 0.05$, 검정력$(1-\beta) = 0.9$].

d_z	양측검정	단측검정
0.2(small)	265	216
0.5(midium)	44	36
0.8(large)	19	15

〈참조〉 대응표본 t-검정의 표본크기 계산 공식 – 근사적 방법

표준정규분포의 임계치를 이용하여 대응표본 t-검정의 표본크기를 근사적으로 계산하

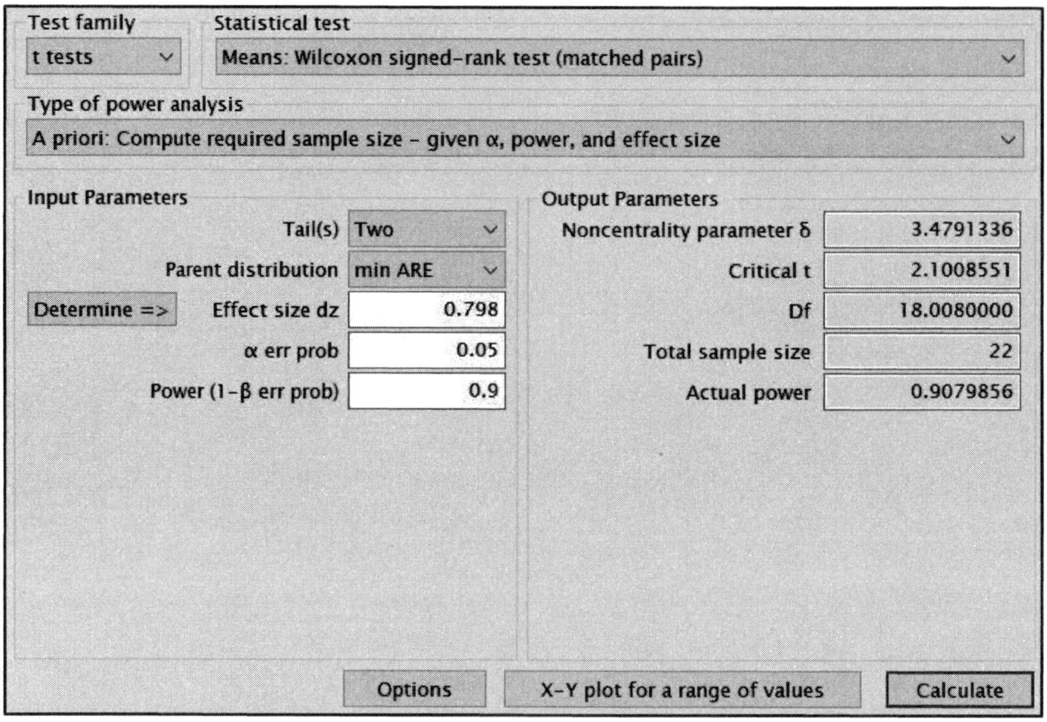

〈그림 2.9〉 Wilcoxon 부호순위 검정의 표본크기 계산

는 공식은 다음과 같다(단측검정의 경우 $z_{\alpha/2}$ 대신에 z_α를 사용).

$$n \geq \frac{(z_{\alpha/2} + z_\beta)^2 \sigma_z^2}{\delta^2}$$

여기에서 z는 표준정규분포의 임계치를 나타낸다($z_{0.025} = 1.96$, $z_{0.05} = 1.645$, $z_{0.1} = 1.282$, $z_{0.2} = 0.842$ 등). 또한 $\delta = |\mu_1 - \mu_2|$는 대립가설하에서의 평균 차이를 나타낸다.

2.3.4 Wilcoxon의 부호순위 검정

Wilcoxon의 부호순위 검정(signed-rank test)은 대응표본 t-검정에 대응되는 비모수적(nonparametric) 검정으로, 정규성을 가정하는 t-검정에 비하여 자료의 분포형태가 단지 대칭이라는 완화된 가정 하에서 위치모수(location parameter)의 차이에 대한 검정을 수행한다.

G*Power의 'Tests>Means>Two dependent groups (matched pairs): Wilcoxon (nonparametric)' 메뉴를 이용하면 Wilcoxon의 부호순위 검정에 대한 표본크기를 계산할 수

있다(그림 2.6 참조). 다만, 표본크기 계산을 위해서 분포에 대한 가정이 필요한데 Normal, Laplace, Logistic, min ARE(asymptotic relative efficiency) 중에서 선택할 수 있다.

예를 들어, "양측검정(two-tail test), 모분포(parent distribution) = min ARE, 효과크기(d_z) = 0.798, 유의수준(α) = 0.05, 검정력($1-\beta$) = 0.9"의 조건하에서 표본크기를 계산하면 $n = 22$가 산출된다(그림 2.9 참조).

2.A 부록: SAS 프로그램의 예

이 절에서는 앞에서 다루었던 사례들과 추가적인 사례들에 대하여 SAS/STAT 소프트웨어의 PROC POWER를 이용하여 표본크기를 계산하는 프로그램의 예를 제시한다.

2.A.1 단일표본 t-검정

ONESAMPLEMEANS 명령문은 단일표본에 대하여 t-검정, 동등성 검정(equivalence test), 신뢰구간의 정밀도(confidence interval precision)에 대한 검정력 분석 및 표본크기 계산을 수행한다.

⟨SAS 프로그램 2.1⟩ 단일표본 t-검정

```
PROC POWER;
  ONESAMPLEMEANS
    TEST=T                    /* 통계분석: t-검정 */
    MEAN = 72.32              /* 평균 */
    NULLMEAN = 70             /* 귀무가설하에서의 평균 */
    STDDEV = 11.6             /* 표준편차 */
    SIDES = 2                 /* 단측검정=1, 양측검정=2 */
    ALPHA = 0.05              /* 유의수준 */
    POWER = 0.9               /* 검정력 */
    NTOTAL = .;               /* 표본크기 */
RUN;
```

```
----------------------------------------------------------------
<Fixed Scenario Elements>
Distribution               Normal
Method                      Exact
Number of Sides                 2
Null Mean                      70
Alpha                        0.05
```

```
Mean                              72.32
Standard Deviation                 11.6
Nominal Power                       0.9
---------------------------------------------------------------
<Computed N Total>
Actual        N
 Power     Total
 0.900       265
```

2.A.2 독립표본 t-검정

TWOSAMPLEMEANS 명령문은 두 독립표본에 대하여 t-검정, 동등성 검정(equivalence test), 신뢰구간의 정밀도(confidence interval precision)에 대한 검정력 분석 및 표본크기 계산을 수행한다. 이때 GROUPMEANS 옵션 대신 MEANDIFF 옵션을 사용할 수 있다(프로그램 2.3 참조).

⟨SAS 프로그램 2.2⟩ 독립표본 t-검정 – 등분산의 경우

```
PROC POWER;
  TWOSAMPLEMEANS
    TEST = DIFF                          /* 통계분석: 등분산 t-검정 */
    GROUPMEANS = 75.38 | 72.13           /* 두 집단의 평균 */
    STDDEV = 4.232                       /* 공통 표준편차 */
    SIDES = 2                            /* 단측검정=1, 양측검정=2 */
    ALPHA = 0.05                         /* 유의수준 */
    POWER = 0.9                          /* 검정력 */
    GROUPWEIGHTS = 1 | 1                 /* 표본크기의 배율(n1|n2) */
    NTOTAL = .;                          /* 표본크기 */
RUN;
---------------------------------------------------------------
<Fixed Scenario Elements>
Distribution                    Normal
Method                           Exact
Number of Sides                      2
Alpha                             0.05
Group 1 Mean                     75.38
Group 2 Mean                     72.13
```

```
Standard Deviation              4.232
Group 1 Weight                      1
Group 2 Weight                      1
Nominal Power                     0.9
Null Difference                     0
---------------------------------------------------------------
<Computed N Total>
Actual          N
 Power      Total
 0.903         74
```

〈SAS 프로그램 2.3〉 독립표본 t-검정 – MEANDIFF 옵션

```
PROC POWER;
  TWOSAMPLEMEANS
    TEST = DIFF                     /* 통계분석: 등분산 t-검정 */
    MEANDIFF = 3.25                 /* 평균 차이 */
    STDDEV = 4.232                  /* 공통 표준편차 */
    SIDES = 2                       /* 단측검정=1, 양측검정=2 */
    ALPHA = 0.05                    /* 유의수준 */
    POWER = 0.9                     /* 검정력 */
    GROUPWEIGHTS = 1 | 1            /* 표본크기의 배율(n1|n2) */
    NTOTAL = .;                     /* 표본크기 */
RUN;
---------------------------------------------------------------
<Fixed Scenario Elements>
Distribution                   Normal
Method                          Exact
Number of Sides                     2
Alpha                            0.05
Mean Difference                  3.25
Standard Deviation              4.232
Group 1 Weight                      1
Group 2 Weight                      1
Nominal Power                     0.9
---------------------------------------------------------------
<Computed N Total>
```

```
Actual        N
 Power     Total
 0.903        74
```

〈SAS 프로그램 2.4〉 독립표본 t-검정 – 이분산의 경우

```
PROC POWER;
  TWOSAMPLEMEANS
    TEST = DIFF_SATT  /* 통계분석: 이분산(Satterthwaite) t-검정 */
    GROUPMEANS = 75.38 | 72.13        /* 두 집단의 평균 */
    GROUPSTDDEVS = 4.373 | 4.086      /* 두 집단의 표준편차 */
    SIDES = 2                         /* 단측검정=1, 양측검정=2 */
    ALPHA = 0.05                      /* 유의수준 */
    POWER = 0.9                       /* 검정력 */
    GROUPWEIGHTS = 1 | 1              /* 표본크기의 배율(n1|n2) */
    NTOTAL = .;                       /* 표본크기 */
RUN;
--------------------------------------------------------------
<Fixed Scenario Elements>
Distribution                       Normal
Method                              Exact
Number of Sides                         2
Nominal Alpha                        0.05
Group 1 Mean                        75.38
Group 2 Mean                        72.13
Group 1 Standard Deviation          4.373
Group 2 Standard Deviation          4.086
Group 1 Weight                          1
Group 2 Weight                          1
Nominal Power                         0.9
Null Difference                         0
--------------------------------------------------------------
<Computed N Total>
Actual     Actual         N
 Alpha      Power     Total
0.0499      0.903        74
```

2.A.3 대응표본 t-검정

PAIREDMEANS 명령문은 대응표본에 대하여 t-검정, 동등성 검정(equivalence test), 신뢰구간의 정밀도(confidence interval precision)에 대한 검정력 분석 및 표본크기 계산을 수행한다. 이때 PAIREDMEANS 옵션 대신 MEANDIFF 옵션을 사용할 수 있다(프로그램 2.6 참조).

⟨SAS 프로그램 2.5⟩ 대응표본 t-검정

```
PROC POWER;
  PAIREDMEANS
    TEST = DIFF                        /* 통계분석: 대응표본 t-검정 */
    PAIREDMEANS = 70.27 | 78.20        /* 두 대응표본의 평균 */
    PAIREDSTDDEVS = 18.0 | 14.3        /* 두 대응표본의 표준편차 */
    CORR = 0.836                       /* 대응값 사이의 상관계수 */
    SIDES = 2                          /* 단측검정=1, 양측검정=2 */
    ALPHA = 0.05                       /* 유의수준 */
    POWER = 0.9                        /* 검정력 */
    NPAIRS = .;                        /* 표본크기 */
RUN;
```

```
-------------------------------------------------------------
<Fixed Scenario Elements>
Distribution                  Normal
Method                         Exact
Number of Sides                    2
Alpha                           0.05
Mean 1                         70.27
Mean 2                          78.2
Standard Deviation 1              18
Standard Deviation 2            14.3
Correlation                    0.836
Nominal Power                    0.9
Null Difference                    0
-------------------------------------------------------------
<Computed N Pairs>
Actual         N
 Power     Pairs
 0.910        19
```

⟨SAS 프로그램 2.6⟩ 대응표본 t-검정 – MEANDIFF 옵션

```
PROC POWER;
  PAIREDMEANS
    TEST = DIFF                      /* 통계분석: 대응표본 t-검정 */
    MEANDIFF = 7.93                  /* 평균 차이 */
    PAIREDSTDDEVS = 18.0 | 14.3      /* 두 대응표본의 표준편차 */
    CORR = 0.836                     /* 대응값 사이의 상관계수 */
    SIDES = 2                        /* 단측검정=1, 양측검정=2 */
    ALPHA = 0.05                     /* 유의수준 */
    POWER = 0.9                      /* 검정력 */
    NPAIRS = .;                      /* 표본크기 */
RUN;
---------------------------------------------------------------
<Fixed Scenario Elements>
Distribution                  Normal
Method                         Exact
Number of Sides                    2
Alpha                           0.05
Mean Difference                 7.93
Standard Deviation 1              18
Standard Deviation 2            14.3
Correlation                    0.836
Nominal Power                    0.9
Null Difference                    0
---------------------------------------------------------------
<Computed N Pairs>
Actual        N
 Power    Pairs
 0.910       19
```

2.A.4 단일표본의 평균에 대한 동등성 검정

새로운 치료법(약품)의 성능이 기존의 표준적인 결과와 동등한지를 검정하는 **동등성 검정**(equivalence test)에서 관심이 되는 가설은 다음과 같다.

$$H_0: \mu < \theta_L \text{ or } \mu > \theta_U, \quad H_1: \theta_L \le \mu \le \theta_U$$

다음은 ONESAMPLEMEANS 명령문을 사용하여 단일표본 동등성 검정에 대한 표본크기를 계산하는 프로그램의 예이다.

〈SAS 프로그램 2.7〉 단일표본의 평균에 대한 동등성 검정

```
PROC POWER;
  ONESAMPLEMEANS
    TEST = EQUIV          /* 통계분석: 동등성 검정 */
    LOWER = 65            /* 동등성 하한(lower bound) */
    UPPER = 75            /* 동등성 상한(upper bound) */
    MEAN = 70             /* 평균 */
    STDDEV = 11.6         /* 표준편차 */
    ALPHA = 0.05          /* 유의수준 */
    POWER = 0.9           /* 검정력 */
    NTOTAL = .;           /* 표본크기 */
RUN;
--------------------------------------------------------------
<Fixed Scenario Elements>
Distribution                      Normal
Lower Equivalence Bound               65
Upper Equivalence Bound               75
Alpha                               0.05
Mean                                  70
Standard Deviation                  11.6
Nominal Power                        0.9
--------------------------------------------------------------
<Computed N Total>
Actual         N
 Power     Total
 0.902        60
```

2.A.5 독립표본의 평균에 대한 동등성 검정

새로운 치료법(약품)의 성능이 기존의 표준적인 치료법(약품)의 성능과 동등한지를 검정하는 동등성 검정(equivalence test)에서 관심이 되는 가설은 다음과 같다.

$$H_0: \mu_d < \theta_L \text{ or } \mu_d > \theta_U, \quad H_1: \theta_L \leq \mu_d \leq \theta_U$$

여기에서 $\mu_d = |\mu_1 - \mu_2|$는 두 독립표본의 평균 차이를 나타낸다.

다음은 TWOSAMPLEMEANS 명령문을 사용하여 독립표본 동등성 검정에 대한 표본 크기를 계산하는 프로그램의 예이다.

⟨SAS 프로그램 2.8⟩ 독립표본의 평균에 대한 동등성 검정

```
PROC POWER;
  TWOSAMPLEMEANS
    TEST = EQUIV_DIFF     /* 통계분석: 평균 차이에 대한 동등성 검정 */
    LOWER = 1             /* 동등성 하한(lower bound) */
    UPPER = 7             /* 동등성 상한(upper bound) */
    MEANDIFF = 4          /* 평균 차이 */
    STDDEV = 4.232        /* 표준편차 */
    ALPHA = 0.05          /* 유의수준 */
    POWER = 0.9           /* 검정력 */
    NTOTAL = .;           /* 표본크기 */
RUN;
--------------------------------------------------------------
<Fixed Scenario Elements>
Distribution                      Normal
Lower Equivalence Bound                1
Upper Equivalence Bound                7
Alpha                               0.05
Mean Difference                        4
Standard Deviation                 4.232
Nominal Power                        0.9
Group 1 Weight                         1
Group 2 Weight                         1
--------------------------------------------------------------
<Computed N Total>
Actual         N
 Power     Total
 0.902        88
```

2.A.6 대응표본의 평균에 대한 동등성 검정

새로운 치료법(약품)의 성능이 기존의 표준적인 치료법(약품)의 성능과 동등한지를 검정하는 **동등성 검정**(equivalence test)에서 관심이 되는 가설은 다음과 같다.

$$H_0 \colon \mu_d < \theta_L \text{ or } \mu_d > \theta_U, \quad H_1 \colon \theta_L \leq \mu_d \leq \theta_U$$

여기에서 $\mu_d = |\mu_1 - \mu_2|$는 두 대응표본의 평균 차이를 나타낸다.

다음은 PAIREDMEANS 명령문을 사용하여 대응표본 동등성 검정에 대한 표본크기를 계산하는 프로그램의 예이다.

⟨SAS 프로그램 2.9⟩ 대응표본의 평균에 대한 동등성 검정

```
PROC POWER;
  PAIREDMEANS
    TEST = EQUIV_DIFF /* 통계분석: 평균 차이에 대한 동등성 검정 */
    LOWER = 4          /* 동등성 하한(lower bound) */
    UPPER = 10         /* 동등성 상한(upper bound) */
    MEANDIFF = 7       /* 평균 차이 */
    STDDEV = 9.932     /* 표준편차 */
    CORR = 0.836       /* 대응값 사이의 상관계수 */
    ALPHA = 0.05       /* 유의수준 */
    POWER = 0.9        /* 검정력 */
    NPAIRS = .;        /* 표본크기 */
RUN;
-------------------------------------------------------------
<Fixed Scenario Elements>
Distribution                      Normal
Method                             Exact
Lower Equivalence Bound                4
Upper Equivalence Bound               10
Alpha                               0.05
Mean Difference                        7
Standard Deviation                 9.932
Correlation                        0.836
Nominal Power                        0.9
-------------------------------------------------------------
<Computed N Pairs>
Actual        N
 Power    Pairs
 0.906       41
```

제 3 장
비율 차이에 대한 검정

Test of proportions

3.1 단일표본의 비율에 대한 검정

3.2 독립표본 비율 차이 검정

- 3.2.1 SPSS 분석 사례
- 3.2.2 효과크기 계산
- 3.2.3 표본크기 계산
- 3.2.4 오즈비를 이용하는 경우

3.3 대응표본 비율 차이 검정

- 3.3.1 SPSS 분석 사례
- 3.3.2 효과크기 계산
- 3.3.3 표본크기 계산

3.4 교차분석

- 3.4.1 SPSS 분석 사례
- 3.4.2 효과크기 계산
- 3.4.3 표본크기 계산

3.A 부록: SAS 프로그램의 예

- 3.A.1 단일표본의 비율에 대한 검정
- 3.A.2 독립표본 비율 차이 검정
- 3.A.3 대응표본 비율 차이 검점
- 3.A.4 비율에 대한 동등성 검정
- 3.A.5 비율에 대한 우월성 검정
- 3.A.6 비율에 대한 비열등성 검정

이 장에서는 "남학생과 여학생의 합격률이 같은가?" 또는 "실험군과 대조군의 성공률이 같은가?"와 같이 모비율 p_1과 p_2에 대한 차이를 검정하는 경우를 다룬다.

3.1 단일표본의 비율에 대한 검정

두 모비율의 차이에 대한 검정의 경우를 다루기에 앞서, 하나의 비율에 대한 검정을 수행하는 이항비율(binomial proportion) 검정의 경우를 먼저 다룬다. 치료율, 불량률, 찬성률 등과 같이 하나의 모집단 내에서 특정한 그룹이 차지하는 비율 p에 대한 가설검정을 고려하자. 이 경우 일반적인 양측검정 가설은 다음과 같다.

$$H_0 : p = p_0, \quad H_1 : p = p_1 (\neq p_0)$$

이와 같은 이항비율 검정에서의 효과크기는 다음과 같이 정의된다.

$$g = p_1 - p_0$$

G*Power의 메인 윈도우에서 이항비율 검정의 표본크기 계산을 위해 필요한 입력 사항은 다음과 같다(그림 3.1 참조).

⟨G*Power⟩ 이항비율 검정의 표본크기 계산을 위한 입력 사항

메뉴: Tests>Proportions>One group: Difference from constant

- Tail(S): One = 단측검정, Two = 양측검정 [초기값 = One]
- Effect size g: 효과크기($g = p_1 - p_0$) [초기값 = 0.3]
- α err prob: 유의수준 [초기값 = 0.05]
- Power($1 - \beta$ err prob): 검정력 [초기값 = 0.95]
- Constant proportion: 귀무가설하에서의 비율(p_0) [초기값 = 0.5]

예를 들어, $p_0 = 0.5$, $p_1 = 0.6$인 경우를 고려하자. "양측검정(two-tail test), 효과크기 $g = 0.1(= 0.6 - 0.5)$, 유의수준(α) = 0.05, 검정력($1 - \beta$) = 0.9, 귀무가설하에서의 비율(constant proportion) $p_0 = 0.5$"의 조건하에서 표본크기를 계산하면 $n = 263$이 산출된다(그림 3.1 참조).

또한, 나머지 조건을 동일하게 하고 단측검정(one-tail test)을 위한 표본크기를 계산하면 $n = 213$이 산출된다.

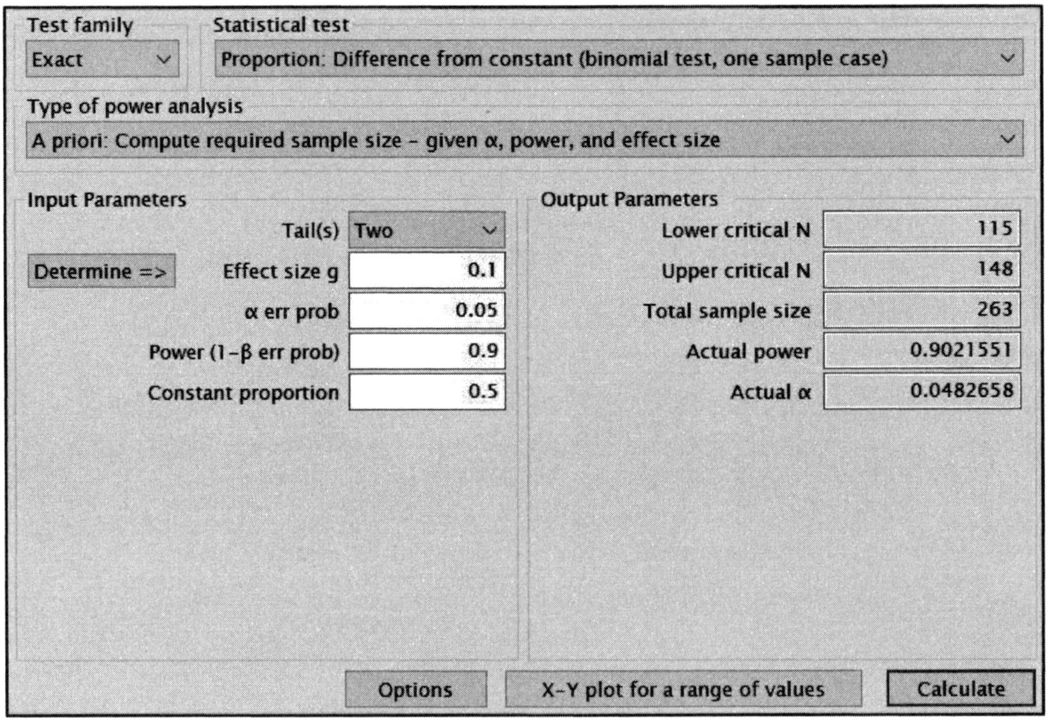

〈그림 3.1〉 이항비율 검정의 표본크기 계산

〈참조〉 이항비율 검정의 표본크기 계산 공식 – 근사적 방법

표준정규분포의 임계치를 이용하여 이항비율 검정의 표본크기를 근사적으로 계산하는 공식은 다음과 같다(단측검정의 경우 $z_{\alpha/2}$ 대신에 z_α를 사용).

$$n \geq \frac{\left[z_{\alpha/2}\sqrt{p_0(1-p_0)} + z_\beta\sqrt{p_1(1-p_1)}\right]^2}{\delta^2}$$

여기에서 z는 표준정규분포의 임계치를 나타낸다($z_{0.025} = 1.96$, $z_{0.05} = 1.645$, $z_{0.1} = 1.282$, $z_{0.2} = 0.842$ 등). 또한 $\delta = |p_1 - p_0|$는 대립가설과 귀무가설하에서의 비율 차이를 나타낸다.

3.2 독립표본 비율 차이 검정

두 개의 서로 다른 집단으로부터 독립적으로 추출된 자료를 통해 두 모집단의 비율 차이를 검정하는 경우를 고려하자.

예를 들어, 두 집단에 대하여 성공(Yes)의 비율을 비교하고자 하는 경우를 고려하자. 첫 번째 모집단의 크기를 N_1 그리고 성공횟수를 X_1이라 하고, 이와는 독립적인 두 번째 모집단의 크기를 N_2 그리고 성공횟수를 X_2라고 하자. 그러면 두 모집단에서의 비율은 각각 $p_1 = X_1/N_1$, $p_2 = X_2/N_2$가 된다. 또한 전체 집단에서의 비율은 다음과 같다.

$$p_0 = \frac{X_1 + X_2}{N_1 + N_2}$$

이와 같은 상황에서 각 셀의 비율들을 정리하면 다음과 같이 표현될 수 있다.

		Response		
		Yes	No	
Group	1	p_1	$1 - p_1$	1
	2	p_2	$1 - p_2$	1
		p_0	$1 - p_0$	1

이 경우 일반적인 양측검정 가설은 다음과 같다.

$$H_0 : p_1 = p_2, \quad H_1 : p_1 \neq p_2$$

3.2.1 SPSS 분석 사례

강현철 등(2009)에 제시된 사례를 다루어 보도록 한다.[1] 여기에서 사용된 변수의 내용과 SPSS의 출력결과 중 일부는 다음과 같다.[2]

- 행 변수: 성별(Gender), 1 = 남자, 2 = 여자.
- 열 변수: 지지 여부(Support), 1 = Yes, 2 = No.

<카이제곱 검정>

	값	자유도	근사 유의확률 (양측검정)	정확 유의확률 (양측검정)	정확 유의확률 (단측검정)
Pearson 카이제곱	2.851	1	.091		
Fisher의 정확검정				.106	.055

[1] 강현철, 한상태, 최호식 (2010). ≪SPSS 데이터 분석 입문≫, p. 176-178.

[2] SPSS의 '분석(A)>기술통계량(E)>교차분석(C)' 메뉴를 이용하였다. 통계량 대화상자에서 카이제곱(H), Cochran 및 Mantel-Haenszel 통계량 옵션을 선택하면 카이제곱 검정과 오즈비 등의 결과를 얻을 수 있다(셀 대화상자에서는 행 퍼센트 선택).

<교차표>

			지지 여부		전체
			Yes	No	
성별	남자	빈도	110	140	250
		성별 중 %	44.0%	56.0%	100.0%
	여자	빈도	104	96	200
		성별 중 %	52.0%	48.0%	100.0%
전체		빈도	214	236	450
		성별 중 %	47.6%	52.4%	100.0%

<공통 오즈비 추정값>

추정값			.725
근사 유의확률 (양측검정)			.092
95% 근사 신뢰구간	공통 오즈비	하한	.499
		상한	1.053

3.2.2 효과크기 계산

독립표본 비율 차이 검정의 효과크기는 다음과 같이 정의된다.

$$h = |\phi_1 - \phi_2|,\ \ \phi_i = 2\arcsin\sqrt{p_i},\ \ i = 1, 2$$

여기에서 $\arcsin(x) = \sin^{-1}(x)$이다.

Cohen(1988)은 독립표본 비율 차이 검정에서의 효과크기 h에 대하여 다음과 같은 일반적인 기준을 제시하였다.

- 작은(small): $h = 0.2$
- 중간의(midium): $h = 0.5$
- 큰(large): $h = 0.8$

앞의 분석 사례($\hat{p}_1 = 0.44$, $\hat{p}_2 = 0.52$)에 대하여 효과크기를 계산하여 보자. 이때 $\hat{\phi}_1 = 0.725$이고 $\hat{\phi}_2 = 0.488$이 된다.[3] 따라서 효과크기의 추정치는 $\hat{h} = 0.237$이 된다.

[3] Cohen(1988)은 p_i에 따른 ϕ_i의 변환표를 제시하고 있다. 또는 EXCEL의 ASIN과 SQRT 함수를 이용하여 쉽게 구할 수 있다. 예를 들어, ASIN(SQRT(0.44)) = 0.725.

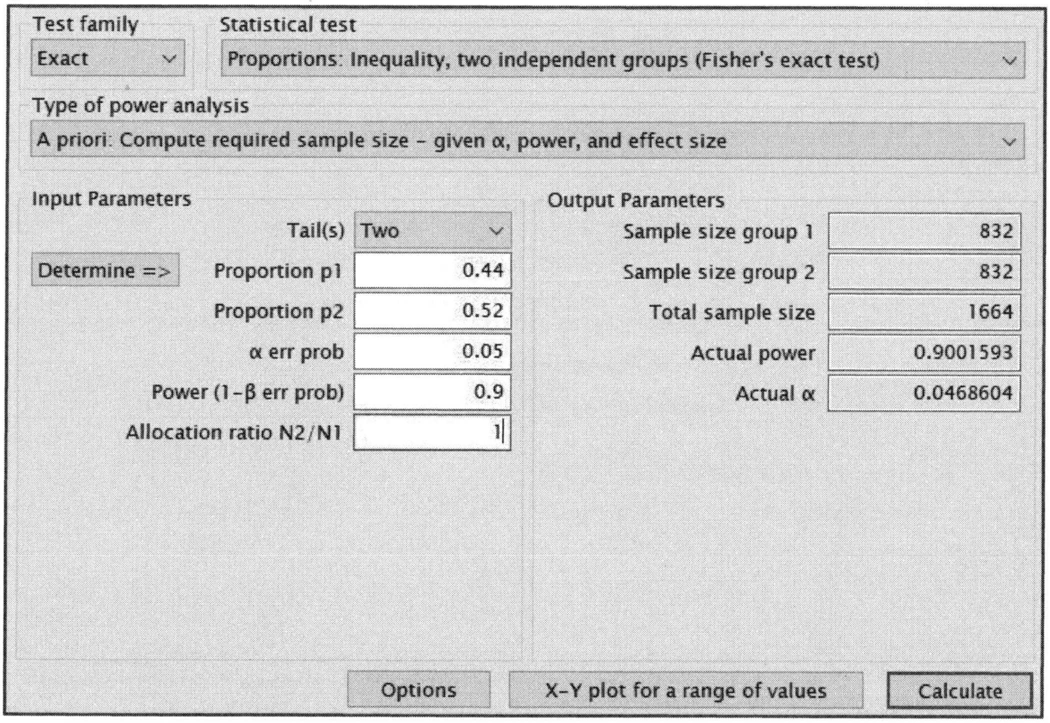

〈그림 3.2〉 독립표본 비율 차이 검정의 표본크기 계산 – Fisher's exact test

3.2.3 표본크기 계산

G*Power의 메인 윈도우에서 독립표본 비율 차이 검정의 표본크기 계산을 위해 필요한 입력 사항은 다음과 같다(그림 3.2 참조).

〈G*Power〉 독립표본 비율 차이 검정의 표본크기 계산을 위한 입력 사항

메뉴: Tests>Proportions>Two independent groups: Inequality, Fisher's exact test

- Tail(S): One = 단측검정, Two = 양측검정 [초기값 = One]
- Proportions p1: 집단 1의 비율(p_1) [초기값 = 0.5]
- Proportions p2: 집단 2의 비율(p_2) [초기값 = 0.6]
- α err prob: 유의수준 [초기값 = 0.05]
- Power($1-\beta$ err prob): 검정력 [초기값 = 0.95]
- Allocation ratio N2/N1: 두 집단 표본크기의 비를 의미한다. 예를 들어, '1'을 입력하면 실험군과 대조군의 표본크기가 동일하도록 실험을 설계한다는 의미이다. [초기값 = 1]

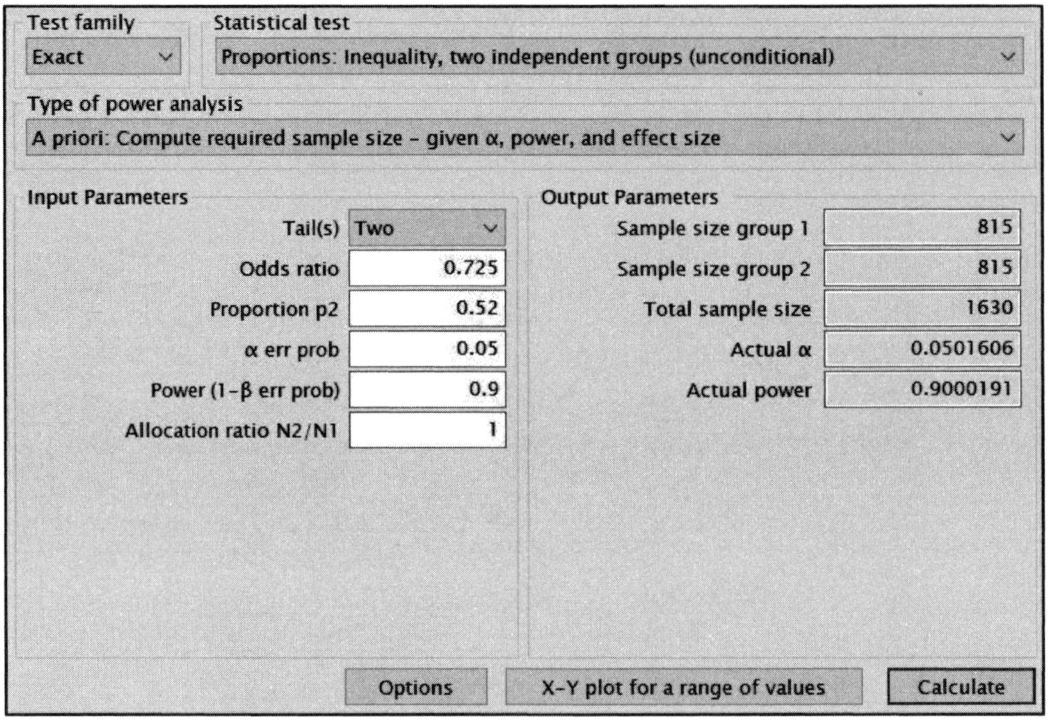

〈그림 3.3〉 독립표본 비율 차이 검정의 표본크기 계산 – 오즈비

예를 들어, "양측검정(two-tail test), 집단 1의 비율(p_1) = 0.44, 집단 2의 비율(p_2) = 0.52, 유의수준(α) = 0.05, 검정력($1-\beta$) = 0.9, $n_2/n_1 = 1$"의 조건하에서 표본크기를 계산하면 $n_1 = n_2 = 832 (n = 1,664)$가 산출된다(그림 3.2 참조).

3.2.4 오즈비를 이용하는 경우

독립표본 비율 차이 검정에서 또 다른 효과크기의 측도는 다음과 같이 정의되는 오즈비(odds ratio, 승산비)이다.

$$OR = \frac{p_1/(1-p_1)}{p_2/(1-p_2)}$$

예를 들어, 앞의 분석 사례에 대하여 오즈비의 추정치를 계산하면 다음과 같다.

$$OR = \frac{0.44/0.56}{0.52/0.48} = 0.725$$

G*Power의 'Tests>Proportions>Two independent groups: Inequality, Unconditional exact' 메뉴를 이용하면 오즈비를 이용하여 독립표본 비율 차이 검정에 대한 표본크기를 계산할 수 있다(그림 3.3 참조).

〈참조〉 독립표본 비율 차이 검정의 표본크기 계산 공식 – 근사적 방법

집단 1과 집단 2의 표본크기의 비율(allocation ratio)이 r이라고 할 때, 표준정규분포의 임계치를 이용하여 독립표본 비율 차이 검정의 표본크기를 근사적으로 계산하는 공식은 다음과 같다(단측검정의 경우 $z_{\alpha/2}$ 대신에 z_α를 사용, $n_2 = rn_1$).

$$n_1 \geq \frac{\left[z_{\alpha/2}\sqrt{(r+1)\bar{p}(1-\bar{p})} + z_\beta\sqrt{rp_1(1-p_1)+p_2(1-p_2)}\right]^2}{r\delta^2}$$

여기에서 z는 표준정규분포의 임계치를 나타낸다($z_{0.025} = 1.96$, $z_{0.05} = 1.645$, $z_{0.1} = 1.282$, $z_{0.2} = 0.842$ 등). 또한 $\delta = |p_1 - p_2|$는 두 모비율의 차이를 나타내고, $\bar{p} = (p_1 + rp_2)/(r+1)$이다.

3.3 대응표본 비율 차이 검정

대응표본 비율 차이 검정에서는 대응표본(matched sample)으로부터 얻어진 비율을 대상으로 한다. 두 이항형 변수로부터의 2×2 분할표에 대하여 각 셀의 비율들을 정리하면 다음과 같이 표현될 수 있다(단, $\pi_{11}+\pi_{12}+\pi_{21}+\pi_{22} = 1$, $\pi_t = \pi_{11}+\pi_{12}$, $\pi_s = \pi_{11}+\pi_{21}$).

		Y		
		Yes	No	
X	Yes	π_{11}	π_{12}	π_t
	No	π_{21}	π_{22}	$1-\pi_t$
		π_s	$1-\pi_s$	1

이 경우 일반적인 양측검정 가설은 다음과 같다.

$$H_0 : \pi_t = \pi_s(\pi_{12} = \pi_{21}) \text{ vs } H_1 : \pi_t \neq \pi_s(\pi_{12} \neq \pi_{21})$$

대응표본 비율 차이에 대한 이와 같은 내용의 가설검정을 통상 McNemar 검정이라고 한다.

3.3.1 SPSS 분석 사례

김기영 등(2009)에 제시된 사례를 다루어 보도록 한다.[4] 여기에서 사용된 변수의 내용과 SPSS의 출력결과 중 일부는 다음과 같다.[5]

[4]김기영, 강현철, 한상태, 최병진 (2009). ≪예제로 배우는 SAS 데이터 분석 입문≫, p. 128-130.

[5]SPSS의 '분석(A)>기술통계량(E)>교차분석(C)' 메뉴를 이용하였다. 통계량 대화상자에서 McNemar 옵션을 선택하면 McNemar 검정의 결과를 얻을 수 있다(셀 대화상자에서는 전체 퍼센트 선택).

∘ 행 변수: 사전 지지 여부(Pre), 1 = Yes, 2 = No.

∘ 열 변수: 사후 지지 여부(Post), 1 = Yes, 2 = No.

<교차표>

			사후		전체
			Yes	No	
사전	Yes	빈도	63	4	67
		전체 중 %	63.0%	4.0%	67.0%
	No	빈도	21	12	33
		전체 중 %	21.0%	12.0%	33.0%
전체		빈도	84	16	100
		전체 중 %	84.0%	16.0%	100.0%

<카이제곱 검정>

	정확 유의확률 (양측검정)
McNemar 검정	0.001

3.3.2 효과크기 계산

대응표본 비율 차이 검정(McNemar 검정)에서 오즈비는 다음과 같이 정의된다.

$$OR = \frac{\pi_{21}}{\pi_{12}} = \frac{\pi_D - \pi_C}{\pi_D + \pi_C}$$

여기에서 $\pi_D = \pi_{12} + \pi_{21}$, $\pi_C = \pi_{12} - \pi_{21}$이다.[6]

예를 들어, 앞의 분석 사례에 대하여 오즈비의 추정치를 계산하면 다음과 같다.

$$OR = \frac{0.21}{0.04} = 5.25$$

3.3.3 표본크기 계산

G*Power의 메인 윈도우에서 대응표본 t-검정의 표본크기 계산을 위해 필요한 입력 사항은 다음과 같다(그림 3.3 참조).

[6] π_D는 불일치쌍의 비율(probability of discordant pairs)을 나타낸다.

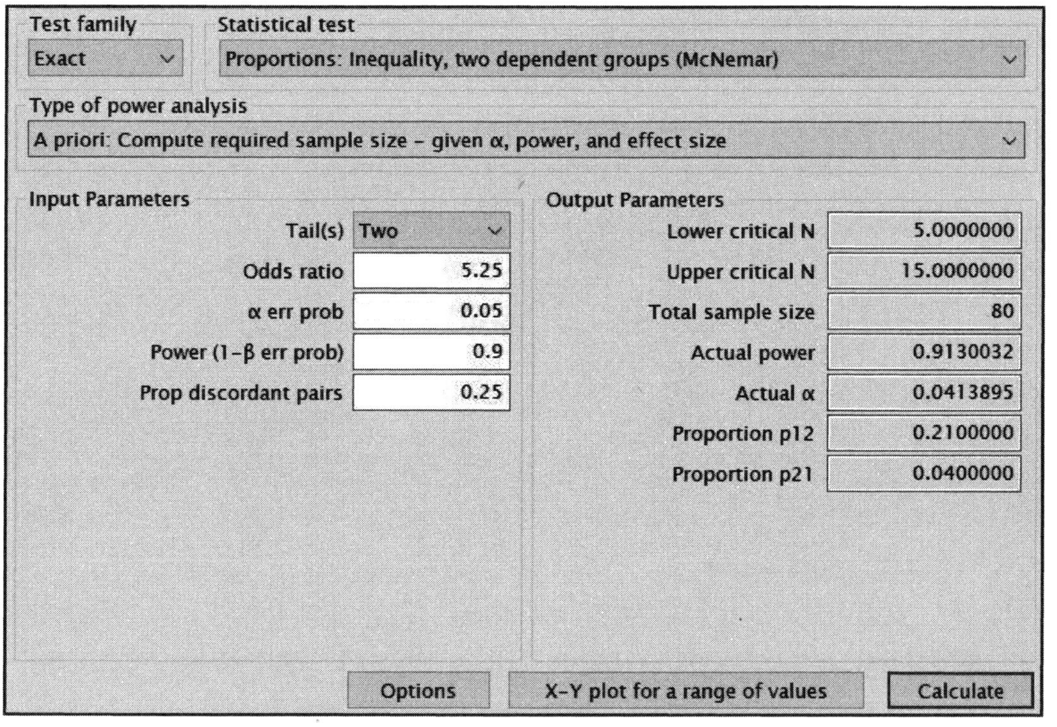

〈그림 3.4〉 대응표본 비율 차이 검정(McNemar 검정)의 표본크기 계산

〈G*Power〉 대응표본 비율 차이 검정의 표본크기 계산을 위한 입력 사항

메뉴: Tests>Proportions>Two dependent groups: Inequality, McNemar test

- Tail(S): One = 단측검정, Two = 양측검정 [초기값 = One]
- Odds ratio: 오즈비(OR) [초기값 = 1.5]
- α err prob: 유의수준 [초기값 = 0.05]
- Power($1-\beta$ err prob): 검정력 [초기값 = 0.95]
- Prop discordant pairs: 불일치쌍의 비율(π_D) [초기값 = 0.3]

예를 들어, "양측검정(two-tail test), 오즈비(OR) = 5.25, 유의수준(α) = 0.05, 검정력 $(1-\beta) = 0.9$, 불일치쌍의 비율(π_D) = 0.25"의 조건하에서 표본크기를 계산하면 $n = 80$이 산출된다(그림 3.4 참조).

또한, 나머지 조건을 동일하게 하고 단측검정(one-tail test)을 위한 표본크기를 계산하면 $n = 64$가 산출된다.

⟨참조⟩ 대응표본 비율 차이 검정의 표본크기 계산 공식 – 근사적 방법

표준정규분포의 임계치를 이용하여 독립표본 비율 차이 검정의 표본크기를 근사적으로 계산하는 공식은 다음과 같다(단측검정의 경우 $z_{\alpha/2}$ 대신에 z_α를 사용).

$$n \geq \frac{\left[z_{\alpha/2}\sqrt{\pi_{12}+\pi_{21}} + z_\beta\sqrt{\pi_{12}+\pi_{21}-(\pi_{21}-\pi_{12})^2}\right]^2}{(\pi_{21}-\pi_{12})^2}$$

여기에서 z는 표준정규분포의 임계치를 나타낸다($z_{0.025} = 1.96$, $z_{0.05} = 1.645$, $z_{0.1} = 1.282$, $z_{0.2} = 0.842$ 등).

3.4 교차분석

교차분석은 두 범주형 변수에 의해서 생성되는 $r \times c$ 교차표(contingency table)에 대하여 두 범주형 변수의 연관성을 분석하는 방법이다. 이때 동질성 또는 독립성 검정을 위해 일반적으로 사용되는 검정통계량은 다음과 같은 **카이제곱 통계량**이다.

$$\chi^2 = \sum_{i=1}^{r}\sum_{j=1}^{c}\frac{(n_{ij}-e_{ij})^2}{e_{ij}}$$

여기에서 n_{ij}는 실제 **관측빈도**(observed frequency)이고, e_{ij}는 귀무가설하에서의 **기대빈도**(expected frequency)이다. 그리고 n은 전체 빈도이다.

$$e_{ij} = \frac{n_{i.}n_{.j}}{n}$$

$$n_{i.} = \sum_{j=1}^{c} n_{ij},\ i = 1, 2, \cdots, r$$

$$n_{.j} = \sum_{i=1}^{r} n_{ij},\ j = 1, 2, \cdots, c$$

3.4.1 SPSS 분석 사례

강현철 등(2009)에 제시된 사례를 다루어 보도록 한다.[7] 여기에서 사용된 변수의 내용과 SPSS의 출력결과 중 일부는 다음과 같다.[8]

[7]강현철, 한상태, 최호식 (2010). ≪SPSS 데이터 분석 입문≫, p. 293-296.

[8]SPSS의 '분석(A)>기술통계량(E)>교차분석(C)' 메뉴를 이용하였다. 정확검정 대화상자에서 정확검정(E) 옵션을 선택하면 Fisher의 정확검정 결과를 얻을 수 있다. 통계량 대화상자에서 카이제곱(H), 파이 및 크래이머의 V(P) 옵션을 선택하면 카이제곱 검정과 파이 계수 등의 결과를 얻을 수 있다(셀 대화상자에서는 관측빈도, 기대빈도, 행 퍼센트 선택).

◦ 행 변수: 성별(Gender), 1 = 남자, 2 = 여자.

◦ 열 변수: 디자인 만족(Design), 1 = 불만족, 2 = 보통, 3 = 만족.

<교차표>

			디자인 만족			
			불만족	보통	만족	전체
성별	남자	빈도	12	82	315	409
		기대빈도	13.4	81.8	313.8	409.0
		성별 중 %	2.9%	20.0%	77.0%	100.0%
	여자	빈도	11	58	222	291
		기대빈도	9.6	58.2	223.2	291.0
		성별 중 %	3.8%	19.9%	76.3%	100.0%
전체		빈도	23	140	537	700
		기대빈도	23.0	140.0	537.0	700.0
		성별 중 %	3.3%	20.0%	76.7%	100.0%

<카이제곱 검정>

	값	자유도	근사 유의확률 (양측검정)	정확 유의확률 (양측검정)
Pearson 카이제곱	.383	2	.826	.855
Fisher의 정확검정	.429			.845

<대칭적 측도>

	값	근사 유의확률	정확 유의확률
파이	.023	.826	.855
Cramer의 V	.023	.826	.855

3.4.2 효과크기 계산

대립가설과 귀무가설하에서 각 셀의 비율을 $p_{ij}^A(= n_{ij}/n)$와 $p_{ij}^0(= e_{ij}/n)$라고 하자. 이 경우 일반적으로 사용되는 효과크기는 다음과 같다.[9]

$$w = \sqrt{\sum_{i=1}^{r}\sum_{j=1}^{c}\frac{(p_{ij}^A - p_{ij}^0)^2}{p_{ij}^0}} = \sqrt{\frac{\chi^2}{n}}$$

[9]효과크기 w는 SPSS 결과에서 파이(ϕ) 계수로 출력된다.

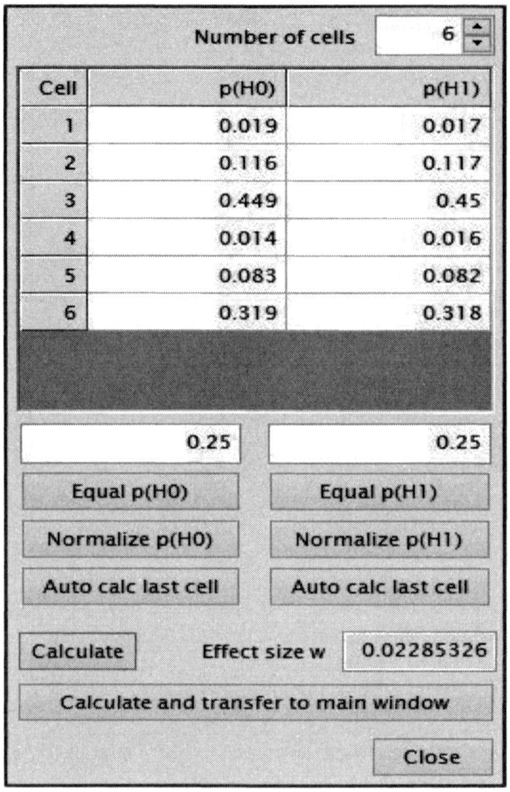

〈그림 3.5〉 교차분석의 효과크기 계산

Cohen(1988)은 교차분석에서의 효과크기 w에 대하여 다음과 같은 일반적인 기준을 제시하였다.

- 작은(small): $w = 0.1$
- 중간의(midium): $w = 0.3$
- 큰(large): $w = 0.5$

앞의 분석 사례에 대하여 효과크기를 계산하여 보자(그림 3.5 참조). 먼저 p_{ij}^0와 p_{ij}^A는 각각 다음과 같이 계산된다.

$$\begin{aligned} P(H_0): \quad & p_{11}^0 = 0.019,\ p_{12}^0 = 0.116,\ p_{13}^0 = 0.449, \\ & p_{21}^0 = 0.014,\ p_{22}^0 = 0.083,\ p_{23}^0 = 0.319 \\ P(H_1): \quad & p_{11}^A = 0.017,\ p_{12}^A = 0.117,\ p_{13}^A = 0.450, \\ & p_{21}^A = 0.016,\ p_{22}^A = 0.082,\ p_{23}^A = 0.318 \end{aligned}$$

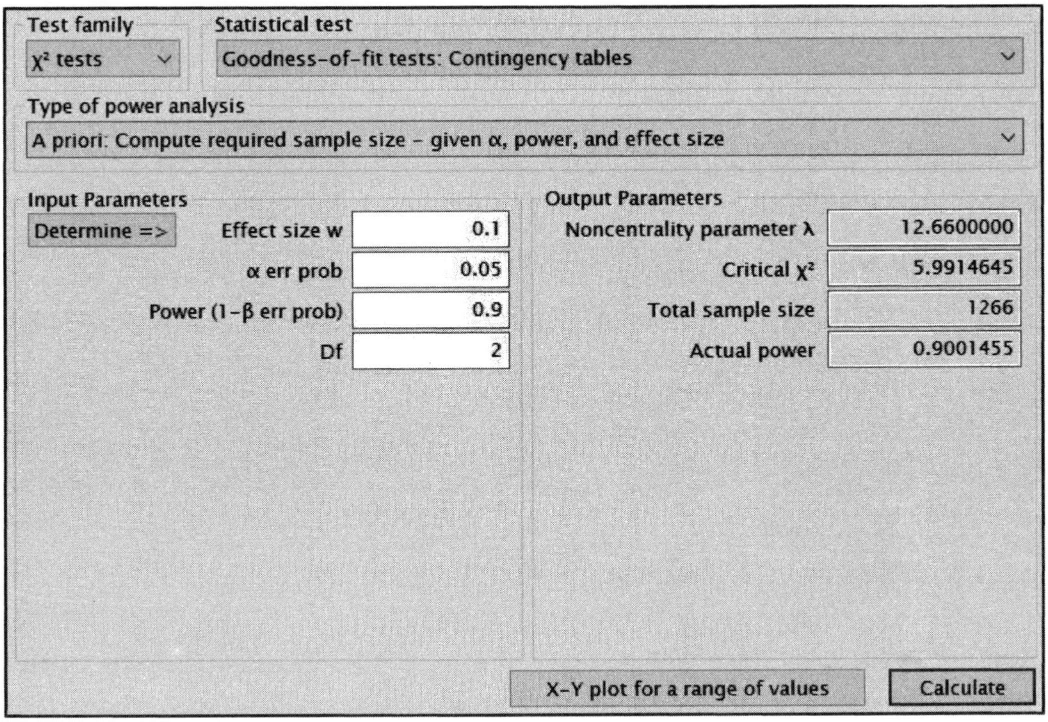

〈그림 3.6〉 교차분석의 표본크기 계산

이 값들을 입력하면 효과크기의 추정치 $\hat{w} = 0.023$이 계산된다(그림 3.4 참조).

$$\begin{aligned}\hat{w} &= \sqrt{\frac{(0.017-0.019)^2}{0.019} + \cdots + \frac{(0.318-0.319)^2}{0.319}} \\ &= \sqrt{\frac{0.383}{700}} = 0.023\end{aligned}$$

3.4.3 표본크기 계산

G*Power의 메인 윈도우에서 교차분석의 표본크기 계산을 위해 필요한 입력 사항은 다음과 같다(그림 3.6 참조).

〈G*Power〉 교차분석의 표본크기 계산을 위한 입력 사항

메뉴: Tests>Proportions>Multigroup: Goodness-of-Fit

- Effect size w: 효과크기(w) [초기값 $= 0.3$]
- α err prob: 유의수준 [초기값 $= 0.05$]
- Power($1-\beta$ err prob): 검정력 [초기값 $= 0.95$]

- Df: 자유도, 일반적으로 $(r-1)\times(c-1)$ [초기값 = 5]

예를 들어, "효과크기(w) = 0.1, 유의수준(α) = 0.05, 검정력$(1-\beta)$ = 0.9, 자유도 (df)=2"의 조건하에서 표본크기를 계산하면 $n = 1,266$이 산출된다(그림 3.6 참조).

한편, 효과크기 w에 대하여 Cohen(1988)의 일반적인 기준하에서 표본크기를 계산하면 다음과 같다[유의수준(α) = 0.05, 검정력$(1-\beta)$ = 0.9].

w	$df = 2$	$df = 4$	$df = 6$	$df = 8$	$df = 10$
0.1(small)	n =1,266	n =1,541	n =1,742	n =1,909	n =2,054
0.3(midium)	n =141	n =172	n =194	n =213	n =229
0.5(large)	n =51	n =62	n =70	n =77	n =83

3.A 부록: SAS 프로그램의 예

이 절에서는 앞에서 다루었던 사례들과 추가적인 사례들에 대하여 SAS/STAT 소프트웨어의 PROC POWER를 이용하여 표본크기를 계산하는 프로그램의 예를 제시한다.

3.A.1 단일표본의 비율에 대한 검정

ONESAMPLEFREQ 명령문은 단일표본에 대하여 이항비율(binomial proportion) 검정, 동등성 검정(equivalence test), 신뢰구간의 정밀도(confidence interval precision)에 대한 검정력 분석 및 표본크기 계산을 수행한다. 이때 TEST = ADJZ 옵션을 사용하면 연속성 수정(continuity adjustment)에 의한 정규근사 방법을 사용한다(프로그램 3.2 참조).

⟨SAS 프로그램 3.1⟩ 단일표본의 비율에 대한 검정

```
PROC POWER;
  ONESAMPLEFREQ
    TEST = Z                   /* 통계분석: z-검정(연속성 수정 없음) */
    METHOD = NORMAL            /* 정규근사 방법 */
    NULLPROPORTION = 0.5       /* 귀무가설하에서의 비율 */
    PROPORTION = 0.6           /* 이항 비율 */
    SIDES = 2                  /* 단측검정=1, 양측검정=2 */
    ALPHA = 0.05               /* 유의수준 */
```

```
    POWER = 0.9                /* 검정력 */
    NTOTAL = .;                /* 표본크기 */
RUN;
-------------------------------------------------------------
<Fixed Scenario Elements>
Method                     Normal approximation
Number of Sides                               1
Null Proportion                             0.5
Alpha                                      0.05
Binomial Proportion                         0.6
Nominal Power                               0.9
Variance Estimate                 Null Variance
-------------------------------------------------------------
<Computed N Total>
Actual        N
 Power    Total
 0.901      259
```

⟨SAS 프로그램 3.2⟩ 단일표본의 비율에 대한 검정 – 연속성 수정

```
PROC POWER;
  ONESAMPLEFREQ
    TEST = ADJZ                /* 통계분석: z-검정(연속성 수정 있음) */
    METHOD = NORMAL            /* 정규근사 방법 */
    NULLPROPORTION = 0.5       /* 귀무가설하에서의 비율 */
    PROPORTION = 0.6           /* 이항 비율 */
    SIDES = 2                  /* 단측검정=1, 양측검정=2 */
    ALPHA = 0.05               /* 유의수준 */
    POWER = 0.9                /* 검정력 */
    NTOTAL = .;                /* 표본크기 */
RUN;
-------------------------------------------------------------
<Fixed Scenario Elements>
Method                     Normal approximation
Number of Sides                               2
Null Proportion                             0.5
Alpha                                      0.05
```

```
Binomial Proportion                            0.6
Nominal Power                                  0.9
Variance Estimate                    Null Variance
----------------------------------------------------------------
<Computed N Total>
Actual        N
 Power     Total
 0.901       269
```

3.A.2 독립표본 비율 차이 검정

TWOSAMPLEFREQ 명령문은 두 독립표본의 비율 차이에 대한 검정력 분석 및 표본크기 계산을 수행한다. 여기에는 Fisher의 정확검정, Pearson의 카이제곱검정, 우도비 카이제곱검정 등이 포함된다.

⟨SAS 프로그램 3.3⟩ 독립표본 비율 차이 검정 – Fisher의 정확검정

```
PROC POWER;
  TWOSAMPLEFREQ
    TEST = FISHER                      /* 통계분석: Fisher의 정확검정 */
    GROUPPROPORTIONS = 0.44 | 0.52     /* 두 집단의 비율 */
    SIDES = 2                          /* 단측검정=1, 양측검정=2 */
    ALPHA = 0.05                       /* 유의수준 */
    POWER = 0.9                        /* 검정력 */
    GROUPWEIGHTS = 1 | 1               /* 표본크기의 배율(n1|n2) */
    NTOTAL = .;                        /* 표본크기 */
RUN;
----------------------------------------------------------------
<Fixed Scenario Elements>
Distribution                          Exact conditional
Method                       Walters normal approximation
Number of Sides                                         2
Alpha                                                0.05
Group 1 Proportion                                   0.44
Group 2 Proportion                                   0.52
Group 1 Weight                                          1
Group 2 Weight                                          1
```

```
Nominal Power                                      0.9
--------------------------------------------------------------
<Computed N Total>
Actual         N
 Power     Total
 0.900      1686
```

〈SAS 프로그램 3.4〉 독립표본 비율 차이 검정 – 오즈비를 이용하는 경우

```
PROC POWER;
  TWOSAMPLEFREQ
    TEST = FISHER              /* 통계분석: Fisher의 정확검정 */
    ODDSRATIO = 0.725          /* 오즈비 */
    REFPROPORTION = 0.52       /* 기준 비율 */
    SIDES = 2                  /* 단측검정=1, 양측검정=2 */
    ALPHA = 0.05               /* 유의수준 */
    POWER = 0.9                /* 검정력 */
    GROUPWEIGHTS = 1 | 1       /* 표본크기의 배율(n1|n2) */
    NTOTAL = .;                /* 표본크기 */
RUN;
--------------------------------------------------------------
<Fixed Scenario Elements>
Distribution                                 Exact conditional
Method                              Walters normal approximation
Number of Sides                                              2
Alpha                                                     0.05
Reference (Group 1) Proportion                            0.52
Odds Ratio                                               0.725
Group 1 Weight                                               1
Group 2 Weight                                               1
Nominal Power                                              0.9
--------------------------------------------------------------
<Computed N Total>
Actual         N
 Power     Total
 0.900      1682
```

⟨SAS 프로그램 3.5⟩ 독립표본 비율 차이 검정 – Pearson의 카이제곱검정

```
PROC POWER;
  TWOSAMPLEFREQ
    TEST = PCHI                          /* 통계분석: Pearson의 카이제곱검정 */
    GROUPPROPORTIONS = 0.44 | 0.52       /* 두 집단의 비율 */
    SIDES = 2                            /* 단측검정=1, 양측검정=2 */
    ALPHA = 0.05                         /* 유의수준 */
    POWER = 0.9                          /* 검정력 */
    GROUPWEIGHTS = 1 | 1                 /* 표본크기의 배율(n1|n2) */
    NTOTAL = .;                          /* 표본크기 */
RUN;
-------------------------------------------------------------
<Fixed Scenario Elements>
Distribution                          Asymptotic normal
Method                             Normal approximation
Number of Sides                                       2
Alpha                                              0.05
Group 1 Proportion                                 0.44
Group 2 Proportion                                 0.52
Group 1 Weight                                        1
Group 2 Weight                                        1
Nominal Power                                       0.9
Null Proportion Difference                            0
-------------------------------------------------------------
<Computed N Total>
Actual        N
 Power     Total
 0.900      1636
```

⟨SAS 프로그램 3.6⟩ 독립표본 비율 차이 검정 – 우도비 카이제곱검정

```
PROC POWER;
  TWOSAMPLEFREQ
    TEST = LRCHI                         /* 통계분석: 우도비 카이제곱검정 */
    GROUPPROPORTIONS = 0.44 | 0.52       /* 두 집단의 비율 */
    SIDES = 2                            /* 단측검정=1, 양측검정=2 */
    ALPHA = 0.05                         /* 유의수준 */
```

```
    POWER = 0.9                        /* 검정력 */
    GROUPWEIGHTS = 1 | 1               /* 표본크기의 배율(n1|n2) */
    NTOTAL = .;                        /* 표본크기 */
RUN;
---------------------------------------------------------------
<Fixed Scenario Elements>
Distribution                 Asymptotic normal
Method                    Normal approximation
Number of Sides                              2
Alpha                                     0.05
Group 1 Proportion                        0.44
Group 2 Proportion                        0.52
Group 1 Weight                               1
Group 2 Weight                               1
Nominal Power                              0.9
---------------------------------------------------------------
<Computed N Total>
Actual        N
 Power    Total
 0.900     1638
```

3.A.3 대응표본 비율 차이 검정

PAIREDFREQ 명령문은 대응표본의 비율 차이에 대하여 McNemar 검정에 의한 검정력 분석 및 표본크기 계산을 수행한다. 이때 DISCPROPORTIONS 옵션에는 두 불일치 비율 π_{21}, π_{12}를 입력한다.

⟨SAS 프로그램 3.7⟩ 대응표본 비율 차이 검정

```
PROC POWER;
  PAIREDFREQ
    TEST = MCNEMAR                     /* 통계분석: McNemar 검정 */
    DIST = NORMAL                      /* 기저 분포 */
    METHOD = CONNOR                    /* Connor(1987)의 근사법 */
    DISCPROPORTIONS = 0.04 | 0.21      /* p_12, p_21 */
    SIDES = 2                          /* 단측검정=1, 양측검정=2 */
    ALPHA = 0.05                       /* 유의수준 */
```

```
    POWER = 0.9                          /* 검정력 */
    NPAIRS = .;                          /* 표본크기 */
RUN;
-------------------------------------------------------------
<Fixed Scenario Elements>
Distribution                                Asymptotic normal
Method                             Connor normal approximation
Number of Sides                                             2
Alpha                                                    0.05
Success-Failure Proportion                               0.04
Failure-Success Proportion                               0.21
Nominal Power                                             0.9
-------------------------------------------------------------
<Computed N Total>
Actual        N
 Power    Pairs
 0.901       87
```

3.A.4 비율에 대한 동등성 검정

새로운 치료법(약품)의 성공률이 기존의 표준적인 결과와 동등한지를 검정하는 **동등성 검정**(equivalence test)에서 관심이 되는 가설은 다음과 같다.

$$H_0: p < \theta_L \text{ or } p > \theta_U, \quad H_1: \theta_L \le p \le \theta_U$$

또는

$$H_0: |p - p_0| > \delta, \quad H_1: |p - p_0| \le \delta$$

다음은 ONESAMPLEFREQ 명령문을 사용하여 동등성 검정에 대한 표본크기를 계산하는 프로그램의 예이다.

⟨SAS 프로그램 3.8⟩ 비율에 대한 동등성 검정 – θ_L과 θ_U를 이용하는 경우

```
PROC POWER;
  ONESAMPLEFREQ
    TEST = EQUIV_Z         /* 통계분석: 동등성 검정(연속성 수정 없음) */
    METHOD = NORMAL        /* 정규 근사 */
    PROPORTION = 0.35      /* 이항비율 */
```

```
    LOWER = 0.2          /* 동등성 하한(lower bound) */
    UPPER = 0.4          /* 동등성 상한(upper bound) */
    ALPHA = 0.05         /* 유의수준 */
    POWER = 0.9          /* 검정력 */
    NTOTAL = .;          /* 표본크기 */
RUN;
---------------------------------------------------------------
<Fixed Scenario Elements>
Method                           Normal approximation
Lower Equivalence Bound                           0.2
Upper Equivalence Bound                           0.4
Alpha                                            0.05
Binomial Proportion                              0.35
Nominal Power                                     0.9
Variance Estimate                       Null Variance
---------------------------------------------------------------
<Computed N Total>
Actual         N
 Power     Total
 0.900       804
```

⟨SAS 프로그램 3.9⟩ 비율에 대한 동등성 검정 – δ를 이용하는 경우

```
PROC POWER;
  ONESAMPLEFREQ
    TEST = EQUIV_Z        /* 통계분석: 동등성 검정(연속성 수정 없음) */
    METHOD = NORMAL            /* 정규 근사 */
    PROPORTION = 0.35          /* 이항비율 */
    NULLPROPORTION = 0.3       /* 귀무가설하에서의 비율 */
    MARGIN = 0.1               /* 차이 (delta) */
    ALPHA = 0.05               /* 유의수준 */
    POWER = 0.9                /* 검정력 */
    NTOTAL = .;                /* 표본크기 */
RUN;
---------------------------------------------------------------
<Fixed Scenario Elements>
Method                     Normal approximation
```

```
Null Proportion                              0.3
Margin                                       0.1
Alpha                                       0.05
Binomial Proportion                         0.35
Nominal Power                                0.9
Variance Estimate                  Null Variance
-------------------------------------------------------------
<Computed N Total>
Actual        N
 Power     Total
 0.900       804
```

3.A.5 비율에 대한 우월성 검정

새로운 치료법(약품)의 성공률이 기존의 표준적인 결과보다 우월한지를 검정하는 우월성 검정(superiority test)에서 관심이 되는 가설은 다음과 같다.

$$H_0: p - p_0 \leq \delta,\quad H_1: p - p_0 > \delta \quad (\text{단},\ \delta > 0)$$

다음은 ONESAMPLEFREQ 명령문을 사용하여 우월성 검정에 대한 표본크기를 계산하는 프로그램의 예이다.

⟨SAS 프로그램 3.10⟩ 비율에 대한 우월성 검정

```
PROC POWER;
  ONESAMPLEFREQ
    TEST = Z                    /* 통계분석: z-검정(연속성 수정 없음) */
    METHOD = NORMAL             /* 정규 근사 */
    SIDES = U                   /* 오른쪽 단측검정 */
    PROPORTION = 0.15           /* 이항비율 */
    NULLPROPORTION = 0.1        /* 귀무가설하에서의 비율 */
    MARGIN = 0.02               /* 차이 (delta) */
    ALPHA = 0.05                /* 유의수준 */
    POWER = 0.9                 /* 검정력 */
    NTOTAL = .;                 /* 표본크기 */
RUN;
-------------------------------------------------------------
```

```
<Fixed Scenario Elements>
Method                      Normal approximation
Number of Sides                                U
Null Proportion                              0.1
Margin                                      0.02
Alpha                                       0.05
Binomial Proportion                         0.15
Nominal Power                                0.9
Variance Estimate                  Null Variance
---------------------------------------------------------------
<Computed N Total>
Actual         N
 Power     Total
 0.900      1094
```

3.A.6 비율에 대한 비열등성 검정

새로운 치료법(약품)의 성공률이 기존의 표준적인 결과와 비교하여 비열등한지를 검정하는 비열등성 검정(non-inferiority test)에서 관심이 되는 가설은 다음과 같다.

$$H_0: p - p_0 \leq \delta,\quad H_1: p - p_0 > \delta \quad (\text{단, } \delta < 0)$$

다음은 ONESAMPLEFREQ 명령문을 사용하여 비열등성 검정에 대한 표본크기를 계산하는 프로그램의 예이다.

⟨SAS 프로그램 3.11⟩ 비율에 대한 비열등성 검정

```
PROC POWER;
  ONESAMPLEFREQ
    TEST = Z                  /* 통계분석: z-검정(연속성 수정 없음) */
    METHOD = NORMAL           /* 정규 근사 */
    SIDES = U                 /* 오른쪽 단측검정 */
    PROPORTION = 0.15         /* 이항비율 */
    NULLPROPORTION = 0.1      /* 귀무가설하에서의 비율 */
    MARGIN = -0.02            /* 차이 (delta) */
    ALPHA = 0.05              /* 유의수준 */
    POWER = 0.9               /* 검정력 */
```

```
    NTOTAL = .;               /* 표본크기 */
RUN;
--------------------------------------------------------------
<Fixed Scenario Elements>
Method                      Normal approximation
Number of Sides                                U
Null Proportion                              0.1
Margin                                     -0.02
Alpha                                       0.05
Binomial Proportion                         0.15
Nominal Power                                0.9
Variance Estimate                  Null Variance
--------------------------------------------------------------
<Computed N Total>
Actual         N
 Power     Total
 0.900       167
```

제 4 장
분산분석

Analysis of Variance

분산분석(ANOVA, analysis of variance)은 여러 처리(treatment)들에 의한 반응값의 평균 차이를 비교하는 분석기법이다. 이 장에서는 여러 가지 유형의 분산분석 방법에 대하여 다룬다.

4.1 일원분류 분산분석

일원분류 분산분석(one-way ANOVA)은 두 개 이상의 범주를 갖는 요인(독립변수)에 대한 종속변수의 범주별 평균 차이를 검정하는 방법이다. 이 경우 관심이 되는 가설은 다음과 같다.

$$H_0 : \mu_1 = \mu_2 = \cdots = \mu_k \ \text{ vs } \ H_1 : \text{ not } H_0$$

4.1.1 SPSS 분석 사례

한상태 등(2009)에 제시된 사례를 다루어 보도록 한다.[1] 여기에서 사용된 변수의 내용과 SPSS의 출력결과 중 일부는 다음과 같다.[2]

- 종속변수: 성적(Score).
- 요인: 학습방법(Treat = 1, 2, 3, 4).

<기술통계>

	N	평균	표준편차	표준오차	평균에 대한 95% 신뢰구간		최솟값	최댓값
					하한	상한		
1	6	72.00	13.342	5.447	58.00	86.00	56	95
2	6	85.00	7.772	3.173	76.84	93.16	77	97
3	6	76.00	9.879	4.033	65.63	86.37	63	93
4	6	62.00	8.222	3.357	53.37	70.63	49	70
전체	24	73.75	12.605	2.573	68.43	79.07	49	97

<ANOVA>

	제곱합	자유도	평균제곱	F	유의확률
집단-간	1636.500	3	545.500	5.406	.007
집단-내	2018.000	20	100.900		
전체	3654.500	23			

[1]한상태, 강현철, 허명회 (2009). ≪SPSS 분산분석≫, p. 33-44.

[2]SPSS의 '분석(A)>평균 비교(M)>일원배치 분산분석(O)' 메뉴를 이용하였다.

<일변량 분석: 개체-간 효과 검정>

소스	제 III 유형 제곱합	자유도	평균제곱	F	유의확률	부분 에타 제곱	관측 검정력
Treat	1636.500	3	545.500	5.406	.007	.448	.879
오차	2018.000	20	100.900				
수정된 합계	3654.500	23					

한편, SPSS의 분석(A) 메뉴 중 '일반선형모형(G) > 일변량(U)' 메뉴를 이용하면, 위와 같은 '개체-간 효과 검정' 표를 얻을 수 있다. 이 표에는 분산분석표(ANOVA Table)의 제곱합뿐만 아니라 효과크기의 측도인 '부분 η^2(에타 제곱)'과 '관측 검정력(observed power)'을 출력할 수 있다.[3]

4.1.2 효과크기 계산

일원분류 분산분석에서 제곱합(sum of squares)들 사이에는 다음과 같은 관계가 성립한다.[4]

$$\begin{array}{ccccc} \sum_{i=1}^{k}\sum_{j=1}^{N_i}(Y_{ij}-\bar{\mu})^2 & = & \sum_{i=1}^{k} N_i(\mu_i-\bar{\mu})^2 & + & \sum_{i=1}^{k}\sum_{j=1}^{N_i}(Y_{ij}-\bar{\mu}_i)^2 \\ \text{전체 제곱합} & = & \text{집단-간 제곱합} & + & \text{집단-내 제곱합} \\ (SS_T) & = & (SS_B) & + & (SS_W) \end{array}$$

효과크기를 정의하기 위해 다음과 같이 정의하자.

$$\sigma_m^2 = \frac{SS_B}{N} = \sum_{i=1}^{k} \frac{N_i}{N}(\mu_i - \bar{\mu})^2 : \text{ 평균들의 분산}$$

$$\sigma^2 = \frac{SS_W}{N} = \sum_{i=1}^{k} \frac{N_i}{N} \sum_{j=1}^{N_i} \frac{(Y_{ij}-\bar{\mu}_i)^2}{N_i} = \sum_{i=1}^{k} \frac{N_i}{N}\sigma_i^2 : \text{ 공통 분산}$$

여기에서 σ_i^2은 각 집단의 분산을 나타내며, $\bar{\mu}$는 전체 평균을 나타낸다($N = \sum_{i=1}^{k} N_i$).

$$\bar{\mu} = \sum_{i=1}^{k} \frac{N_i}{N}\mu_i$$

[3] 부분 η^2(에타 제곱)과 관측 검정력을 얻기 위해서는 옵션 대화상자에서 효과크기 추정값(E)과 관측 검정력(B) 옵션을 선택하면 된다.

[4] 집단-내 제곱합은 오차 제곱합(SS_E)으로도 불린다.

이러한 정의들을 이용하여 일원분류 분산분석의 효과크기는 다음과 같이 정의된다.

$$f = \frac{\sigma_m}{\sigma} \left(= \frac{\sqrt{SS_B}}{\sqrt{SS_W}} \right)$$

한편, 일원분류 분산분석의 효과크기는 다음과 같이 정의될 수도 있다.

$$\eta^2 = \frac{\sigma_m^2}{\sigma_t^2} = \frac{\sigma_m^2}{\sigma_m^2 + \sigma^2} \left(= \frac{SS_B}{SS_T} \right)$$

두 효과크기 f와 η^2 사이에는 다음과 같은 관계가 성립한다.

$$f = \sqrt{\frac{\eta^2}{1-\eta^2}}, \quad \eta^2 = \frac{f^2}{1+f^2}$$

Cohen(1988)은 분산분석에서의 효과크기 f에 대하여 다음과 같은 일반적인 기준을 제시하였다.

- 작은(small): $f = 0.10$
- 중간의(midium): $f = 0.25$
- 큰(large): $f = 0.40$

⟨G*Power⟩ 일원분류 분산분석의 효과크기 계산을 위한 입력 사항

메뉴: Tests>Means>Many groups: ANOVA: One-way (one independent variable)

□ Effect size from means

- Number of groups: 집단의 개수(k).
- SD σ each group: 공통 표준편차(σ).
- Mean: 각 집단의 평균(μ_i, $i = 1, \cdots, k$).
- Size: 각 집단의 크기(n_i, $i = 1, \cdots, k$).

□ Effect size from variance

- Variance explained by special effect: 집단 평균들의 분산(σ_m^2).
- Variance within groups: 공통 분산(σ^2).
- Partial η^2: 부분 η^2을 알고 있는 경우.

---

(1) 분산을 이용한 효과크기 계산

앞의 분석 사례에 대하여 분산을 이용하여 효과크기를 계산하여 보자(그림 3.1의 b). 예를 들어, Variance explained by special effect($\hat{\sigma}_m^2$) = 1,636.5/24 = 68.188, Variance

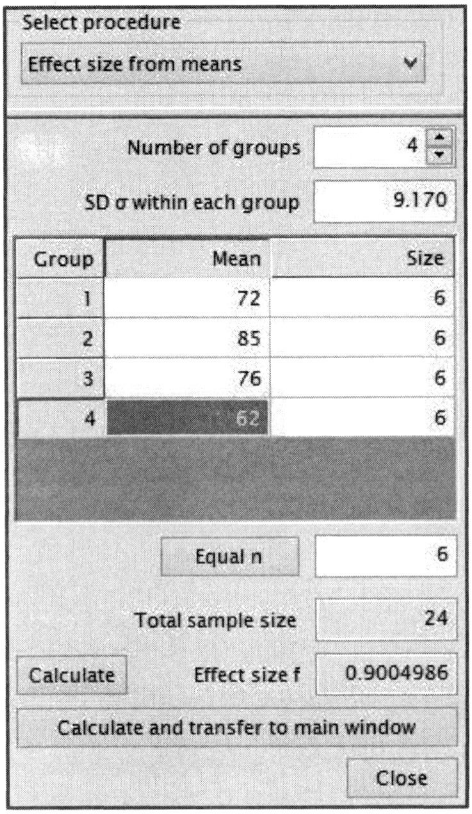

(a) Effect size from means

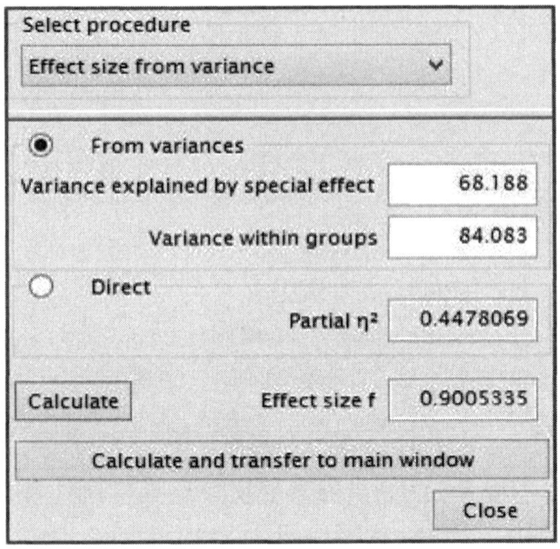

(b) Effect size from variance

〈그림 4.1〉 일원분류 분산분석의 효과크기 계산

within groups($\hat{\sigma}^2$) $= 2{,}018.0/24 = 84.083$을 입력하면 효과크기의 추정치 $\hat{\eta}^2 = 0.448$과 $\hat{f} = 0.901$이 계산된다.

〈참조〉 효과크기의 추정치 $\hat{f}$의 계산 과정

SPSS 출력결과의 분산분석표로부터 다음과 같이 각 분산들에 대한 추정치들을 쉽게 계산할 수 있다.

$$\hat{\sigma}_m^2 = \frac{SS_B}{n} = \frac{1,636.5}{24} = 68.188 \ (\hat{\sigma}_m = 8.258)$$

$$\hat{\sigma}^2 = \frac{SS_W}{n} = \frac{2,018.0}{24} = 84.083 \ (\hat{\sigma} = 9.170)$$

따라서 효과크기 f에 대한 추정치를 계산하면 다음과 같다.

$$\hat{f} = \frac{\hat{\sigma}_m}{\hat{\sigma}} = \frac{\sqrt{68.188}}{\sqrt{84.083}} = \frac{8.258}{9.170} = 0.901$$

한편, η^2에 대한 추정치를 계산하면 다음과 같다.[5]

$$\hat{\eta}^2 = \frac{\hat{\sigma}_m^2}{\hat{\sigma}_t^2} = \frac{68.188}{68.188 + 84.083} = \frac{68.188}{152.271} = 0.448$$

그리고 $\hat{\eta}^2$으로부터 효과크기 f에 대한 추정치를 계산하면 다음과 같다.

$$\hat{f} = \sqrt{\frac{\hat{\eta}^2}{1-\hat{\eta}^2}} = \sqrt{\frac{0.448^2}{1-0.448^2}} = 0.901$$

---

(2) 집단별 표준편차와 평균을 이용한 효과크기 계산

앞의 분석 사례에 대하여 각 집단별 표준편차와 평균을 이용하여 효과크기를 계산하여 보자(그림 3.1의 a). 예를 들어, Number of groups(k) $= 4$, SD σ each group($\hat{\sigma}$) $= 9.170$, $\bar{x}_1 = 72$, $n_1 = 6$, $\bar{x}_2 = 85$, $n_2 = 6$, $\bar{x}_3 = 76$, $n_3 = 6$, $\bar{x}_4 = 62$, $n_1 = 6$을 입력하면 효과크기의 추정치 $\hat{f} = 0.901$이 계산된다.

⟨참조⟩ 효과크기의 추정치 $\hat{f}$의 계산 과정

SPSS 출력결과의 기술통계 부분에 제시되어 있는 표본 표준편차들을 이용하여 집단-내 제곱합(SS_W)에 대한 추정치를 다음과 같이 계산할 수 있다.

$$\begin{aligned} SS_W &= \sum_{i=1}^{k}(n_i - 1)s_i^2 \\ &= 5 \times \left(13.342^2 + 7.772^2 + 9.879^2 + 8.222^2\right) \\ &= 2,018.0 \end{aligned}$$

여기에서 s_i는 각 집단의 표본 표준편차이다. 따라서 공통 표준편차 σ에 대한 추정치를 계산하면 다음과 같다.

$$\hat{\sigma} = \sqrt{\frac{SS_W}{n}} = \sqrt{\frac{2,018.0}{24}} = \sqrt{84.083} = 9.170$$

또한, SPSS 출력결과의 기술통계 부분에 제시되어 있는 표본 평균들을 이용하여 집단-간 제곱합(SS_B)에 대한 추정치를 다음과 같이 계산할 수 있다.

$$\begin{aligned} SS_B &= \sum_{i=1}^{k} n_i(\mu_i - \bar{\mu})^2 \\ &= 6 \times \left[(72-73.75)^2 + (85-73.75)^2 + (76-73.75)^2 + (62-73.75)^2\right] \\ &= 1,636.5 \end{aligned}$$

[5] G*Power에서 σ_m^2과 σ^2을 입력하고 Calculate 버튼을 클릭하면 η^2이 바로 계산된다.

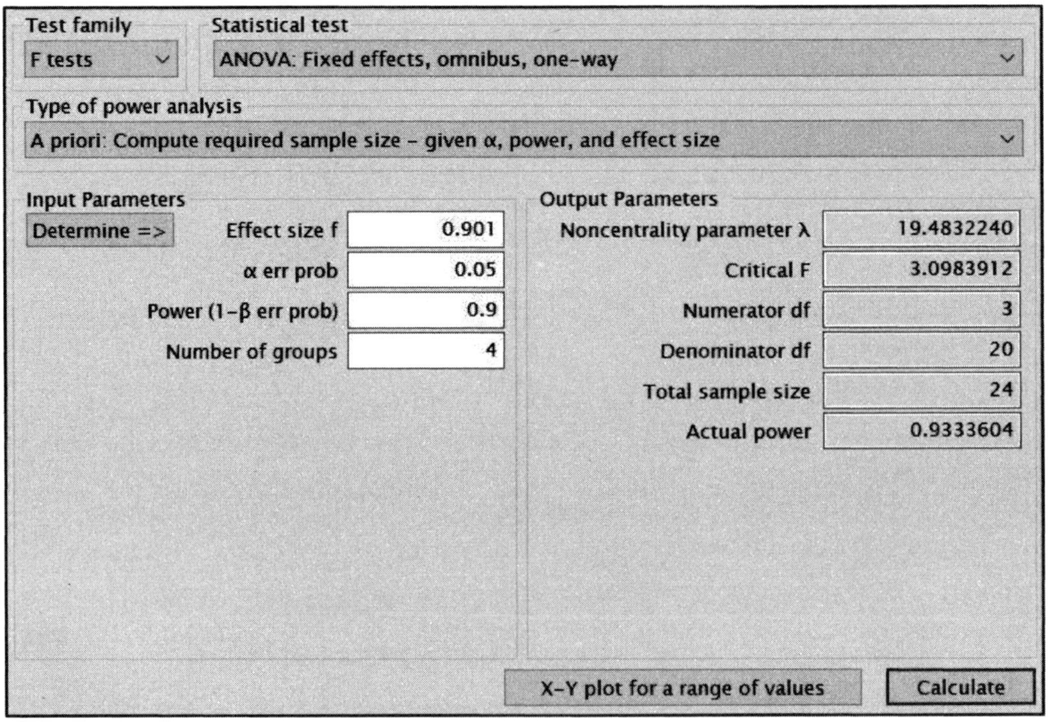

〈그림 4.2〉 일원분류 분산분석의 표본크기 계산

따라서 집단 평균들의 표준편차 σ_m에 대한 추정치를 계산하면 다음과 같다.[6]

$$\hat{\sigma}_m = \sqrt{\frac{SS_B}{n}} = \sqrt{\frac{1,636.5}{24}} = \sqrt{68.188} = 8.258$$

효과크기 f의 추정치를 계산하면 다음과 같다.[7]

$$\hat{f} = \frac{\hat{\sigma}_m}{\hat{\sigma}} = \frac{8.258}{9.170} = 0.901$$

4.1.3 표본크기 계산

G*Power의 메인 윈도우에서 일원분류 분산분석의 표본크기 계산을 위해 필요한 입력사항은 다음과 같다(그림 4.2 참조).

[6]G*Power에서 각 집단의 평균과 표본크기를 입력하면 $\hat{\sigma}_m$을 계산하여 적용한다.

[7]Cohen(1988)은 범위 측도(range measure) $d = (\mu_{max} - \mu_{min})/\sigma$를 이용하여 효과크기 f를 계산하는 방법도 다루고 있다.

⟨G*Power⟩ 일원분류 분산분석의 표본크기 계산을 위한 입력 사항

메뉴: Tests>Means>Many groups: ANOVA: One-way (one independent variable)

- Effect size f: 효과크기 [초기값 $= 0.25$]
- α err prob: 유의수준 [초기값 $= 0.05$]
- Power($1-\beta$ err prob): 검정력 [초기값 $= 0.95$]
- Number of groups: 집단의 개수(k) [초기값 $= 5$]

예를 들어, "효과크기(f) $= 0.901$, 유의수준(α) $= 0.05$, 검정력($1-\beta$) $= 0.9$, 집단의 개수 $= 4$"의 조건하에서 표본크기를 계산하면 $n = 24(n_i = 6)$가 산출된다(그림 4.2 참조).

한편, 효과크기 f에 대하여 Cohen(1988)의 일반적인 기준하에서 표본크기를 계산하면 다음과 같다[유의수준(α) $= 0.05$, 검정력($1-\beta$) $= 0.9$, $k = 3,\ 4,\ 5$].

f	$k=3$	$k=4$	$k=5$
0.10(small)	$1269(n_i = 423)$	$1,424(n_i = 356)$	$1,550(n_i = 310)$
0.25(midium)	$207(n_i = 69)$	$232(n_i = 58)$	$255(n_i = 51)$
0.40(large)	$84(n_i = 28)$	$96(n_i = 24)$	$105(n_i = 21)$

4.2 공분산분석

공분산분석(ANCOVA, analysis of covariance)은 **공변량**(covariate)이라고 불리는 연속형 독립변수 X를 추가로 고려하여 종속변수 Y의 집단별 평균(μ_i) 차이에 대한 추론을 수행하고자 하는 기법이다. 이 경우 관심이 되는 가설은 다음과 같다.

$$H_0 : \mu_1 = \mu_2 = \cdots = \mu_k \ \text{ vs } \ H_1 : \text{ not } H_0$$

4.2.1 SPSS 분석 사례

한상태 등(2009)에 제시된 사례를 다루어 보도록 한다.[8] 여기에서 사용된 변수의 내용과 SPSS의 출력결과 중 일부는 다음과 같다.[9]

[8]한상태, 강현철, 허명회 (2009). ≪SPSS 분산분석≫, p. 134-140.

[9]SPSS의 '분석(A)>일반선형모형(G)>일변량(U)' 메뉴를 이용하였다. 부분 η^2(에타 제곱)과 관측 검정력을 얻기 위해서는 옵션 대화상자에서 효과크기 추정값(E)과 관측 검정력(B) 옵션을 선택하면 된다.

- 종속변수: 심리점수(Score).
- 고정요인(모수요인): 처리(Group), 1 = 대조군, 2 = 실험군.
- 공변량: 나이(Age).

<기술통계량>

처리	N	평균	표준편차
대조군	10	26.50	23.220
실험군	10	59.80	33.236
전체	20	43.15	32.718

<일변량 분석: 개체-간 효과 검정>

소스	제 III 유형 제곱합	자유도	평균제곱	F	유의확률	부분 에타 제곱	관측 검정력
Group	1352.711	1	1352.711	2.705	.118	.137	.342
Age	6291.632	1	6291.632	12.580	.002	.425	.916
오차	8502.468	17	500.145				
수정된 합계	20338.550	19					

<추정 주변 평균>

			95% 신뢰구간	
처리	평균	표준오차	하한	상한
대조군	34.187	7.397	18.581	49.793
실험군	52.113	7.397	36.507	67.719

4.2.2 효과크기 계산

공분산분석의 효과크기에 대한 정의는 일원분류 분산분석과 유사하게 다음과 같이 정의된다.

$$f = \frac{\sigma_m}{\sigma_e}\left(= \frac{\sqrt{SS_m}}{\sqrt{SS_E}}\right)$$

여기에서 σ_m^2은 관심 요인(효과)의 분산이고 σ_e^2은 오차 분산이다. 즉, $\sigma_m = \sqrt{SS_m/n}$, $\sigma_e = \sqrt{SS_e/n}$.

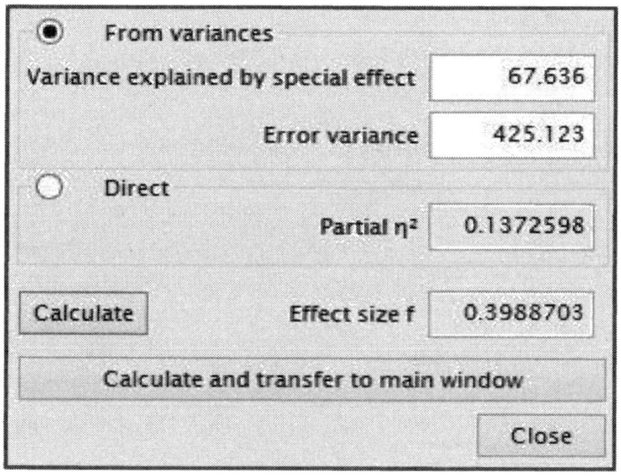

〈그림 4.3〉 공분산분석의 효과크기 계산

〈G*Power〉 공분산분석의 효과크기 계산을 위한 입력 사항

메뉴: Tests>Means>Many groups: ANCOVA: Main effects and interactions

- Variance explained by special effect: 관심 요인(효과)에 의한 분산(σ_m^2).
- Error variance: 오차 분산(공통 분산, σ_e^2).
- Partial η^2: 부분 η^2을 알고 있는 경우.

앞의 분석 사례에 대하여 효과크기를 계산하여 보자(그림 4.3 참조). 예를 들어, Variance explained by special effect($\hat{\sigma}_m^2$) = 1,352.711/20 = 67.636, Error variance($\hat{\sigma}_e^2$) = 8,502.468/20 = 425.123을 입력하면 효과크기의 추정치 $\hat{\eta}^2 = 0.137$과 $\hat{f} = 0.399$가 계산된다.

〈참조〉 효과크기의 추정치 $\hat{f}$의 계산 과정

SPSS 출력결과의 분산분석표(개체-간 효과 검정 표)로부터 다음과 같이 각 분산에 대한 추정치들을 쉽게 계산할 수 있다.

$$\hat{\sigma}_m^2 = \frac{SS_{Group}}{n} = \frac{1,352.711}{20} = 67.636$$

$$\hat{\sigma}_e^2 = \frac{SS_{\text{오차}}}{n} = \frac{8,502.468}{20} = 425.123$$

따라서 효과크기 f에 대한 추정치를 계산하면 다음과 같다.

$$\hat{f} = \frac{\hat{\sigma}_m}{\hat{\sigma}_e} = \frac{\sqrt{67.636}}{\sqrt{425.123}} = \frac{8.224}{20.619} = 0.399$$

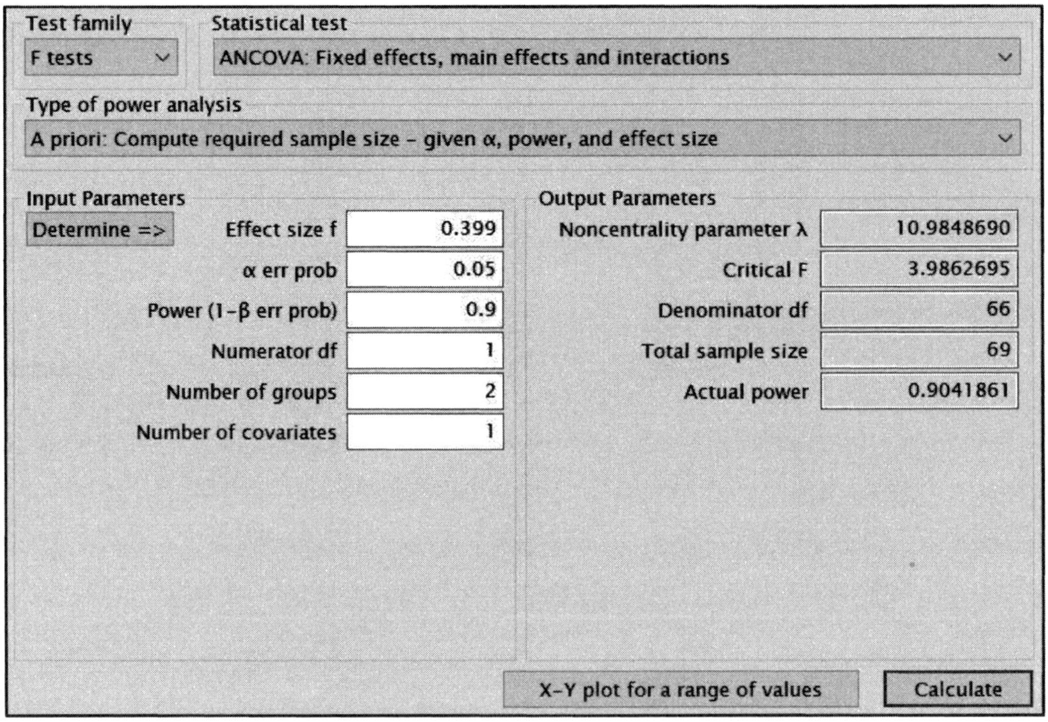

〈그림 4.4〉 공분산분석의 표본크기 계산

한편, η^2에 대한 추정치를 계산하면 다음과 같다.

$$\hat{\eta}^2 = \frac{\hat{\sigma}_m^2}{\hat{\sigma}_m^2 + \hat{\sigma}_e^2} = \frac{67.636}{67.636 + 425.123} = \frac{67.636}{492.759} = 0.137$$

그리고 $\hat{\eta}^2$으로부터 효과크기 f에 대한 추정치를 계산하면 다음과 같다.

$$\hat{f} = \sqrt{\frac{\hat{\eta}^2}{1 - \hat{\eta}^2}} = \sqrt{\frac{0.137^2}{1 - 0.137^2}} = 0.399$$

4.2.3 표본크기 계산

G*Power의 메인 윈도우에서 공분산분석의 표본크기 계산을 위해 필요한 입력 사항은 다음과 같다(그림 4.4 참조).

〈G*Power〉 공분산분석의 표본크기 계산을 위한 입력 사항

메뉴: Tests>Means>Many groups: ANCOVA: Main effects and interactions

- Effect size f: 효과크기 [초기값 = 0.25]
- α err prob: 유의수준 [초기값 = 0.05]
- Power($1-\beta$ err prob): 검정력 [초기값 = 0.95]
- Numerator df: 분자(관심 요인)에 대한 자유도(df). 관심 요인에 대한 수준의 수를 a라고 할 때, 일반적으로 $df = a - 1$이다. [초기값 = 10]
- Number of groups: 집단의 개수(k). 실험에 포함된 요인이 여러 개일 경우에는 각 요인들에 대한 수준 수들의 곱이 된다. 예를 들어, 두 요인 A, B의 수준 수가 각각 a, b라고 할 때 $k = a \times b$이다. 실험에 포함된 요인이 하나일 경우에는 $k = a$이다. [초기값 = 5]
- Number of covariates: 공변량의 개수 [초기값 = 1]

예를 들어, "효과크기(f) = 0.399, 유의수준(α) = 0.05, 검정력($1-\beta$) = 0.9, 분자의 자유도(df) = 1, 집단의 개수(k) = 2, 공변량의 개수 = 1"의 조건하에서 표본크기를 계산하면 $n = 69$가 산출된다(그림 3.4 참조).

한편, 효과크기 f에 대하여 Cohen(1988)의 일반적인 기준하에서 표본크기를 계산하면 다음과 같다[유의수준(α) = 0.05, 검정력($1-\beta$) = 0.80, $df = k - 1$, 공변량의 개수 = 1].

f	$k = 2$	$k = 3$	$k = 4$
0.10(small)	1,053	1,269	1,422
0.25(midium)	171	206	231
0.40(large)	68	83	93

4.3 이원분류 분산분석

이원분류 분산분석은 2개의 독립변수에 대한 종속변수의 범주별 평균 차이를 검정하는 방법이다. 주 효과(main effect)에 대한 검정 및 효과크기의 계산은 일원분류 분산분석에서 설명한 바와 유사하므로, 여기에서는 상호작용 효과(interaction effect)에 대한 내용을 설명하도록 한다. 2-요인 상호작용 효과에 대한 가설은 다음과 같다.

$$H_0 : \delta_{ij} = \delta_{kl} \text{ for all } i, j \quad \text{vs} \quad H_1 : \text{ not } H_0$$

여기에서 $\delta_{ij} = \mu_{ij} - \mu_{i.} - \mu_{.j}$이다.

4.3.1 SPSS 분석 사례

한상태 등(2009)에 제시된 사례를 다루어 보도록 한다.[10] 여기에서 사용된 변수의 내용과 SPSS의 출력결과 중 일부는 다음과 같다.[11]

- 종속변수: 반응값(Response).
- 고정요인(모수요인): 수업방식(Method; 1 = 세미나, 2 = 강의), 학년(Grade; 1,2,3학년).

<기술통계량>

수업방식	학년	N	평균	표준편차
세미나	1학년	4	4.00	1.414
	2학년	4	3.25	2.062
	3학년	4	12.00	5.657
	전체	12	6.42	5.248
강의	1학년	4	3.75	3.775
	2학년	4	4.75	.957
	3학년	4	5.00	1.414
	전체	12	4.50	2.236
전체	1학년	8	3.88	2.642
	2학년	8	4.00	1.690
	3학년	8	8.50	5.345
	전체	24	5.46	4.064

<일변량 분석: 개체-간 효과 검정>

소스	제 III 유형 제곱합	자유도	평균제곱	F	유의확률	부분 에타 제곱	관측 검정력
Method	22.042	1	22.042	2.386	.140	.117	.310
Grade	111.083	2	55.542	6.014	.010	.401	.821
Method * Grade	80.583	2	40.292	4.362	.029	.326	.679
오차	166.250	18	9.236				
수정된 합계	379.958	23					

[10]한상태, 강현철, 허명회 (2009). ≪SPSS 분산분석≫, p. 76-86.

[11]SPSS의 '분석(A)>일반선형모형(G)>일변량(U)' 메뉴를 이용하였다. 부분 η^2(에타 제곱)과 관측 검정력을 얻기 위해서는 옵션 대화상자에서 효과크기 추정값(E)과 관측 검정력(B) 옵션을 선택하면 된다.

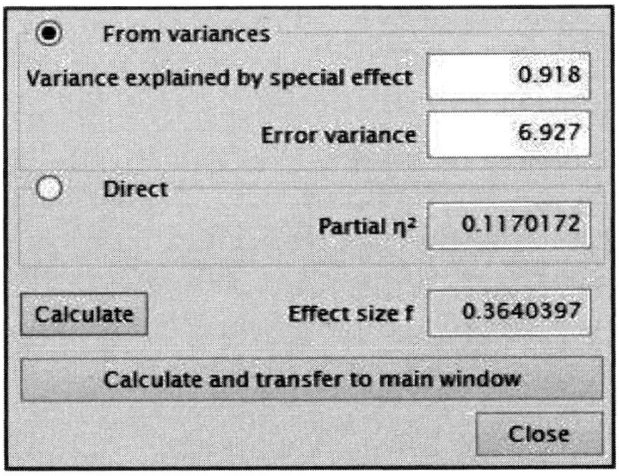

〈그림 4.5〉 이원분류 분산분석의 효과크기 계산

4.3.2 효과크기 계산

이원분류 분산분석의 효과크기에 대한 정의는 앞에서 설명한 일원분류 분산분석 및 공분산분석에서와 유사하다. 즉,

$$f = \frac{\sigma_m}{\sigma_e} \left(= \frac{\sqrt{SS_m}}{\sqrt{SS_E}} \right)$$

여기에서 σ_m^2은 관심 요인(효과)의 분산이고 σ_e^2은 오차 분산이다.

〈G*Power〉 이원분류 분산분석의 효과크기 계산을 위한 입력 사항

메뉴: Tests>Means>Many groups: ANOVA: Main effects and interactions (two or more independent variables)

- Variance explained by special effect: 관심 요인(효과)에 의한 분산(σ_m^2).
- Error variance: 오차 분산(공통 분산, σ^2).
- Partial η^2: 부분 η^2을 알고 있는 경우.

---

(1) 주 효과에 대한 효과크기 계산

앞의 분석 사례를 이용하여 주 효과(main effect)에 대한 효과크기를 계산하여 보자(그림 4.5 참조). 예를 들어, Variance explained by special effect($\hat{\sigma}_m^2$) $= 22.042/24 = 0.918$, Error variance($\hat{\sigma}_e^2$) $= 166.250/24 = 6.927$을 입력하면 효과크기의 추정치 $\hat{\eta}^2 = 0.117$과 $\hat{f} = 0.364$가 계산된다.

⟨참조⟩ 효과크기의 추정치 $\hat{f}$의 계산 과정

SPSS 출력결과의 '기술통계량' 부분에 제시되어 있는 표본 표준편차들을 이용하여 오차 제곱합(SS_E)을 다음과 같이 계산할 수 있다.

$$\begin{aligned} SS_E &= \sum_{i=1}^{a}\sum_{j=1}^{b}(n_{ij}-1)s_{ij}^2 \\ &= 3 \times \left(4.00^2 + 3.25^2 + 12.00^2 + 3.75^2 + 4.75^2 + 5.00^2\right) \\ &= 166.250 \end{aligned}$$

여기에서 $a(=2)$와 $b(=3)$는 두 요인의 수준 수이고, $n_{ij}(=4)$는 각 셀(cell)의 표본크기이다. 또한 s_{ij}는 각 셀의 표본 표준편차이다. 따라서 오차 분산 σ_e^2에 대한 추정치를 계산하면 다음과 같다.

$$\hat{\sigma}_e^2 = \frac{SS_E}{n} = \frac{166.250}{24} = 6.927$$

SPSS 출력결과의 '기술통계량' 부분에 제시되어 있는 표본 평균들을 이용하여 요인 Method(수업방식)에 대한 제곱합을 다음과 같이 계산할 수 있다.

$$\begin{aligned} SS_{Method} &= \sum_{i=1}^{a} n_i(\hat{\mu}_i - \bar{\hat{\mu}})^2_. \\ &= 12 \times \left[(6.42 - 5.46)^2 + (4.50 - 5.46)^2\right] \\ &= 22.042 \end{aligned}$$

따라서 요인 Method의 분산 σ_m^2에 대한 추정치를 계산하면 다음과 같다.

$$\hat{\sigma}_m^2 = \frac{SS_{Method}}{n} = \frac{22.042}{24} = 0.918$$

효과크기 f에 대한 추정치를 계산하면 다음과 같다.

$$\hat{f} = \frac{\hat{\sigma}_m}{\hat{\sigma}_e} = \frac{\sqrt{0.918}}{\sqrt{6.927}} = \frac{0.958}{2.632} = 0.364$$

한편, η^2에 대한 추정치를 계산하면 다음과 같다.[12]

$$\hat{\eta}^2 = \frac{\hat{\sigma}_m^2}{\hat{\sigma}_m^2 + \hat{\sigma}_e^2} = \frac{0.918}{0.918 + 6.927} = \frac{0.918}{7.845} = 0.117$$

그리고 $\hat{\eta}^2$으로부터 효과크기 f에 대한 추정치를 계산하면 다음과 같다.

$$\hat{f} = \sqrt{\frac{\hat{\eta}^2}{1-\hat{\eta}^2}} = \sqrt{\frac{0.117^2}{1-0.117^2}} = 0.364$$

[12] G*Power에서 σ_m^2과 σ_e^2을 입력하고 Calculate 버튼을 클릭하면 η^2이 바로 계산된다.

(2) 상호작용 효과에 대한 효과크기 계산

앞의 분석 사례를 이용하여 상호작용 효과(interaction effect) Method*Grade에 대한 효과크기를 계산하여 보자. 예를 들어, Variance explained by special effect($\hat{\sigma}_m^2$) = 80.583/24 = 3.358, Error variance($\hat{\sigma}_e^2$) = 166.250/24 = 6.927을 입력하면 효과크기의 추정치 $\hat{\eta}^2 = 0.326$과 $\hat{f} = 0.696$이 계산된다.

⟨참조⟩ 효과크기의 추정치 $\hat{f}$의 계산 과정

SPSS 출력결과의 '기술통계량' 부분에 제시되어 있는 표본 평균들을 이용하여 상호작용 효과의 계수들을 계산하면 다음과 같다($\delta_{ij} = \mu_{ij} - \mu_{i.} - \mu_{.j}$).

$$
\begin{aligned}
\delta_{11} &= 4.00 - 6.42 - 3.88 &&= -6.292 \\
\delta_{12} &= 3.25 - 6.42 - 4.00 &&= -7.167 \\
\delta_{13} &= 12.00 - 6.42 - 8.50 &&= -2.917 \\
\delta_{21} &= 3.75 - 4.50 - 3.88 &&= -4.625 \\
\delta_{22} &= 4.75 - 4.50 - 4.00 &&= -3.750 \\
\delta_{23} &= 5.00 - 4.50 - 8.50 &&= -8.000
\end{aligned}
$$

이 계수들의 평균을 계산하면 다음과 같다.

$$
\begin{aligned}
\bar{\delta} &= \sum_{i=1}^{a}\sum_{j=1}^{b}\frac{n_{ij}}{n}\delta_{ij} \\
&= \frac{1}{6} \times [(-6.292) + (-7.167) + \cdots + (-8.000)] \\
&= -5.458
\end{aligned}
$$

상호작용 효과에 대한 제곱합을 다음과 같이 계산할 수 있다.

$$
\begin{aligned}
SS_{Method*Grade} &= \sum_{i=1}^{a}\sum_{j=1}^{b} n_{ij}(\delta_{ij} - \bar{\delta})^2 \\
&= 4 \times \left([-6.292 - (-5.458)]^2 + \cdots + [-8.000 - (-5.458)]^2\right) \\
&= 80.583
\end{aligned}
$$

따라서 상호작용 효과 Method*Grade의 분산 σ_m^2에 대한 추정치를 계산하면 다음과 같다.

$$
\hat{\sigma}_m^2 = \frac{SS_{Method*Grade}}{n} = \frac{80.583}{24} = 3.358
$$

효과크기 f에 대한 추정치를 계산하면 다음과 같다.

$$
\hat{f} = \frac{\hat{\sigma}_m}{\hat{\sigma}_e} = \frac{\sqrt{3.358}}{\sqrt{6.927}} = \frac{1.832}{2.632} = 0.696
$$

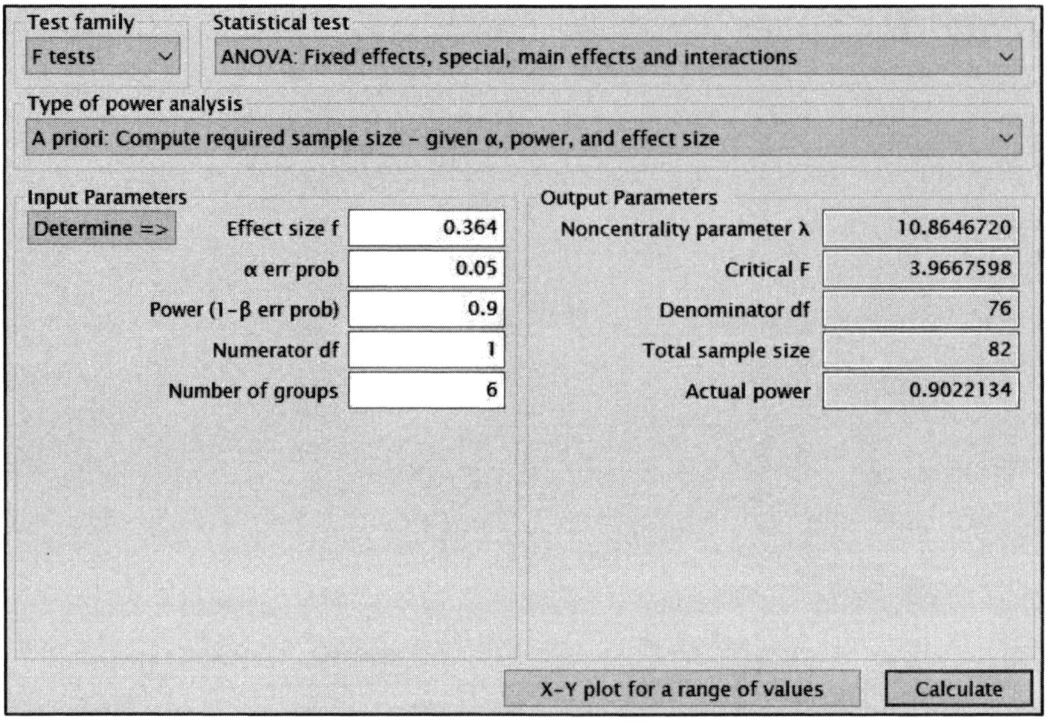

〈그림 4.6〉 이원분류 분산분석의 표본크기 계산

한편, η^2에 대한 추정치를 계산하면 다음과 같다.

$$\hat{\eta}^2 = \frac{\hat{\sigma}_m^2}{\hat{\sigma}_m^2 + \hat{\sigma}_e^2} = \frac{3.358}{3.358 + 6.927} = \frac{3.358}{10.285} = 0.326$$

그리고 $\hat{\eta}^2$으로부터 효과크기 f에 대한 추정치를 계산하면 다음과 같다.

$$\hat{f} = \sqrt{\frac{\hat{\eta}^2}{1 - \hat{\eta}^2}} = \sqrt{\frac{0.326^2}{1 - 0.326^2}} = 0.696$$

4.3.3 표본크기 계산

G*Power의 메인 윈도우에서 이원분류 분산분석의 표본크기 계산을 위해 필요한 입력 사항은 다음과 같다(그림 4.6 참조).

〈G*Power〉 이원분류 분산분석의 표본크기 계산을 위한 입력 사항

메뉴: Tests>Means>Many groups: ANOVA: Main effects and interactions (two or more independent variables)

- Effect size f: 효과크기 [초기값 = 0.25]
- α err prob: 유의수준 [초기값 = 0.05]
- Power($1-\beta$ err prob): 검정력 [초기값 = 0.95]
- Numerrator df: 분자(관심 효과)에 대한 자유도(df). 예를 들어, 두 요인 A, B의 수준 수가 각각 a, b라고 하자. 요인 A의 주 효과에 대한 자유도는 $a-1$이고, 요인 B의 주 효과에 대한 자유도는 $b-1$이다. 또한 A*B의 상호작용 효과에 대한 자유도는 $(a-1)\times(b-1)$이다. [초기값 = 10]
- Number of groups: 집단의 개수(k). 실험에 포함된 요인이 여러 개일 경우에는 각 요인들에 대한 수준 수들의 곱이 된다. 예를 들어, 두 요인 A, B의 수준 수가 각각 a, b라고 할 때 $k = a \times b$이다. [초기값 = 5]

예를 들어, 앞의 사례에서 요인 Method의 주 효과(main effect)에 관심이 있다고 하자. "효과크기(f) = 0.364, 유의수준(α) = 0.05, 검정력($1-\beta$) = 0.9, 분자의 자유도(df) = 1, 집단의 개수(k) = 6"의 조건하에서 표본크기를 계산하면 $n = 82$가 산출된다(그림 4.6).

다른 예로서 Method*Group에 대한 상호작용 효과(interaction effect)에 관심이 있다고 하자. "효과크기(f) = 0.696, 유의수준(α) = 0.05, 검정력($1-\beta$) = 0.9, 분자의 자유도(df) = 2, 집단의 개수(k) = 6"의 조건하에서 표본크기를 계산하면 $n = 30$이 산출된다.

4.4 반복측정 분산분석

반복측정이란 한 실험 개체에서 2회 이상의 측정을 수행하는 것을 의미한다. 여기에서는 집단 요인과 반복 요인이 있는 경우를 중심으로 반복측정 분산분석의 경우를 다룬다.

4.4.1 SPSS 분석 사례

한상태 등(2009)에 제시된 사례를 다루어 보도록 한다.[13] 여기에서 사용된 변수의 내용과 SPSS의 출력결과 중 일부는 다음과 같다.[14]

∘ 개체-간 요인: 집단(Group; 1 = 대조군, 2 = 실험군).
∘ 개체-내 요인: 시간(Time = 1, 2, 3, 4).

[13]한상태, 강현철, 허명회 (2009). ≪SPSS 분산분석≫, p. 166-174.

[14]SPSS의 '분석(A)>일반선형모형(G)>반복측정(R)' 메뉴를 이용하였다. 부분 η^2(에타 제곱)과 관측 검정력을 얻기 위해서는 옵션 대화상자에서 효과크기 추정값(E)과 관측 검정력(B) 옵션을 선택하면 된다.

<기술통계량>

	집단	N	평균	표준편차
Time=1	대조군	3	2.33	2.082
	실험군	3	5.33	1.528
Time=2	대조군	3	1.33	1.528
	실험군	3	3.67	1.528
Time=3	대조군	3	5.33	.577
	실험군	3	7.00	1.000
Time=4	대조군	3	3.00	1.000
	실험군	3	7.67	1.528

<Mauchly의 구형성 검정>

개체-내 효과	Mauchly의 W	근사 카이제곱	자유도	유의확률	엡실런		
					Greenhouse -Geisser	Huynh -Feldt	하한
Time	.103	6.189	5	.315	.475	.848	.333

<개체-내 효과 검정: 구형성 가정>

소스	제 III 유형 제곱합	자유도	평균제곱	F	유의확률	부분 에타 제곱	관측 검정력
Time	47.458	3	15.819	12.798	.000	.762	.996
Time*Group	7.458	3	2.486	2.011	.166	.335	.391
오차(Time)	14.833	12	1.236				

<개체-간 효과 검정>

소스	제 III 유형 제곱합	자유도	평균제곱	F	유의확률	부분 에타 제곱	관측 검정력
Group	51.042	1	51.042	11.893	.026	.748	.733
오차	17.167	4	4.292				

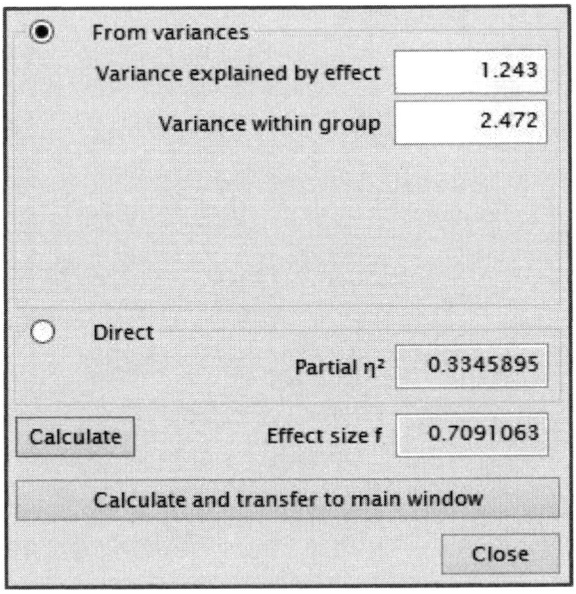

〈그림 4.7〉 반복측정 분산분석의 효과크기 계산

4.4.2 효과크기 계산

반복측정 분산분석의 효과크기에 대한 정의는 앞에서 설명한 공분산분석 및 이원분류 분산분석에서와 유사하다. 즉,

$$f = \frac{\sigma_m}{\sigma_e} \left(= \frac{\sqrt{SS_m}}{\sqrt{SS_E}} \right)$$

여기에서 σ_m^2은 관심 요인(효과)의 분산이고 σ_e^2은 연관된 오차 분산이다.

〈G*Power〉 반복측정 분산분석의 효과크기 계산을 위한 입력 사항

메뉴: Tests>Means>Repeated measures: Within-between interactions, ANOVA-aproach

- Variance explained by effect: 관심 요인(효과)에 의한 분산(σ_m^2).
- Variance within group: 오차 분산(공통 분산, σ^2).
- Partial η^2: 부분 η^2을 알고 있는 경우.

앞의 분석 사례에 대하여 효과크기를 계산하여 보자(그림 4.7 참조). 예를 들어, 상호작용 효과(interaction effect) Time*Group에 주 관심이 있다고 하자. Variance explained by effect($\hat{\sigma}_m^2$) $= 7.458/6 = 1.243$, Error variance($\hat{\sigma}_e^2$) $= 14.833/6 = 2.472$를 입력하면 효과크기의 추정치 $\hat{\eta}^2 = 0.335$와 $\hat{f} = 0.709$가 계산된다.

⟨참조⟩ 효과크기의 추정치 $\hat{f}$의 계산 과정

SPSS 출력결과의 분산분석표(개체-간 효과 검정 표)로부터 다음과 같이 각 분산에 대한 추정치들을 쉽게 계산할 수 있다.

$$\hat{\sigma}_m^2 = \frac{SS_{Time*Group}}{n} = \frac{7.458}{6} = 1.243$$

$$\hat{\sigma}_e^2 = \frac{SS_{오차}}{n} = \frac{14.833}{6} = 2.472$$

따라서 효과크기 f에 대한 추정치를 계산하면 다음과 같다.

$$\hat{f} = \frac{\hat{\sigma}_m}{\hat{\sigma}_e} = \frac{\sqrt{1.243}}{\sqrt{2.472}} = \frac{1.115}{1.572} = 0.709$$

한편, η^2에 대한 추정치를 계산하면 다음과 같다.

$$\hat{\eta}^2 = \frac{\hat{\sigma}_m^2}{\hat{\sigma}_m^2 + \hat{\sigma}_e^2} = \frac{1.243}{1.243 + 2.473} = \frac{1.243}{3.716} = 0.335$$

그리고 $\hat{\eta}^2$으로부터 효과크기 f에 대한 추정치를 계산하면 다음과 같다.

$$\begin{aligned}\hat{f} &= \sqrt{\frac{\hat{\eta}^2}{1-\hat{\eta}^2}} = \sqrt{\frac{0.335^2}{1-0.335^2}} \\ &= 0.709\end{aligned}$$

4.4.3 표본크기 계산

G*Power의 메인 윈도우에서 반복측정 분산분석의 표본크기 계산을 위해 필요한 입력 사항은 다음과 같다(그림 4.8 참조).

⟨G*Power⟩ 반복측정 분산분석의 표본크기 계산을 위한 입력 사항

메뉴: Tests>Means>Repeated measures: Within-between interactions, ANOVA-aproach

- Effect size f: 효과크기 [초기값 = 0.25]
- α err prob: 유의수준 [초기값 = 0.05]
- Power($1-\beta$ err prob): 검정력 [초기값 = 0.95]
- Number of groups: 집단의 개수(k). [초기값 = 2]
- Numerrator measurements: 반복측정의 수 [초기값 = 4]
- Corr amog rep measures: 반복측정 변수들 간의 상관계수 [초기값 = 0.5]

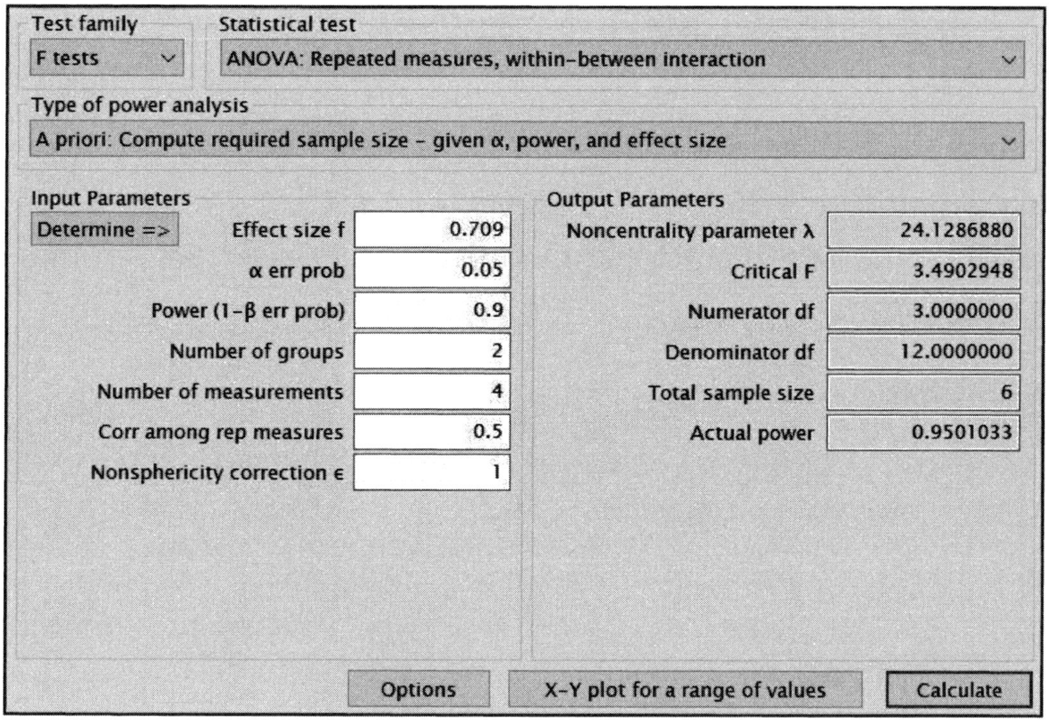

〈그림 4.8〉 반복측정 분산분석의 표본크기 계산

- Nonsphericity corrections ϵ: 구형성 조정계수 [초기값 = 1]

예를 들어, "효과크기(f) = 0.709, 유의수준(α) = 0.05, 검정력($1-\beta$) = 0.9, 집단의 개수(k) = 2, 반복측정의 수 = 4, 반복측정 변수들 간의 상관계수 = 0.5, 구형성 조정계수 = 1"의 조건하에서 표본크기를 계산하면 $n = 6$이 산출된다(그림 4.8 참조).

한편, 효과크기 f에 대하여 Cohen(1988)의 일반적인 기준하에서 표본크기를 계산하면 다음과 같다[유의수준(α) = 0.05, 검정력($1-\beta$) = 0.9, 집단의 개수(k) = 2, 반복측정의 수(r) = 2, 3, 4].

f	$r = 2$	$r = 3$	$r = 4$
0.10(small)	$266(n_i = 133)$	$214(n_i = 107)$	$180(n_i = 90)$
0.25(midium)	$46(n_i = 23)$	$36(n_i = 18)$	$30(n_i = 15)$
0.40(large)	$20(n_i = 10)$	$16(n_i = 8)$	$14(n_i = 7)$

4.A 부록: SAS 프로그램의 예

이 절에서는 일원분류 분산분석에서 다루었던 사례에 대하여 SAS/STAT 소프트웨어의 PROC POWER를 이용하여 표본크기를 계산하는 프로그램의 예를 제시한다.

ONEWAYANOVA 명령문은 일원분류 분산분석에 대한 검정력 분석 및 표본크기 계산을 수행한다.

〈SAS 프로그램 4.1〉 일원분류 분산분석

```
PROC POWER;
  ONEWAYANOVA
    TEST = OVERALL      /* 통계분석: 평균의 동일성에 대한 F-검정 */
    GROUPMEANS = 72 | 85 | 76 | 62      /* 각 집단의 평균 */
    STDDEV = 9.170                      /* 오차의 표준편차 */
    ALPHA = 0.05                        /* 유의수준 */
    POWER = 0.9                         /* 검정력 */
    GROUPWEIGHTS = 1 | 1 | 1 | 1        /* 표본크기의 배율 */
    NTOTAL = .;                         /* 표본크기 */
RUN;
--------------------------------------------------------------
<Fixed Scenario Elements>
Method                          Exact
Alpha                            0.05
Group Means               72 85 76 62
Standard Deviation               9.17
Nominal Power                     0.9
Group Weights                 1 1 1 1
--------------------------------------------------------------
<Computed N Total>
Actual        N
 Power     Total
 0.933       24
```

제 5 장
상관분석

Correlation Analysis

이 장에서는 가구당 실질소득과 저축률, 섭취한 알코올의 양과 맥박수, 지능지수와 학업 성적 등과 같이, 두 연속형 변수들 간의 연관성을 측정하는 데 사용되는 상관계수의 경우를 다룬다.

5.1 단일 모집단 상관계수

상관분석(correlation analysis)에서는 두 양적변수의 선형적 연관성을 분석하며, 이때 일반적인 양측검정 가설은 다음과 같다.

$$H_0 : \rho = \rho_0 \quad \text{vs} \quad H_1 : \rho \neq \rho_0$$

5.1.1 SPSS 분석 사례

강현철 등(2009)에 제시된 사례를 다루어 보도록 한다.[1] 여기에서 사용된 변수의 내용과 SPSS의 출력결과 중 일부는 다음과 같다.[2]

- 변수: 전반적 만족도(Y), 디자인 만족도(X1), 편리성 만족도(X2), 성능 만족도(X3), 견고성 만족도(X4)

<상관관계>

	전반적 만족도	디자인 만족도	편리성 만족도	성능 만족도	견고성 만족도
전반적 만족도	1				
디자인 만족도	.424*	1			
편리성 만족도	.490*	.431*	1		
성능 만족도	.576*	.488*	.627*	1	
견고성 만족도	.508*	.398*	.483*	.549*	1

* 상관계수가 유의수준 5%하에서 유의함을 나타냄($n = 671$).

5.1.2 효과크기 계산

이변량 정규분포에 따르는 두 양적변수에 대하여 일반적으로 사용되는 효과크기는 Pearson의 적률상관계수(Pearson's moment correlation coefficient)이다.

[1] 강현철, 한상태, 최호식 (2010). ≪SPSS 데이터 분석 입문≫, p. 228-231.

[2] SPSS의 '분석(A)>상관분석(C)>이변량 상관(B)' 메뉴를 이용하였다.

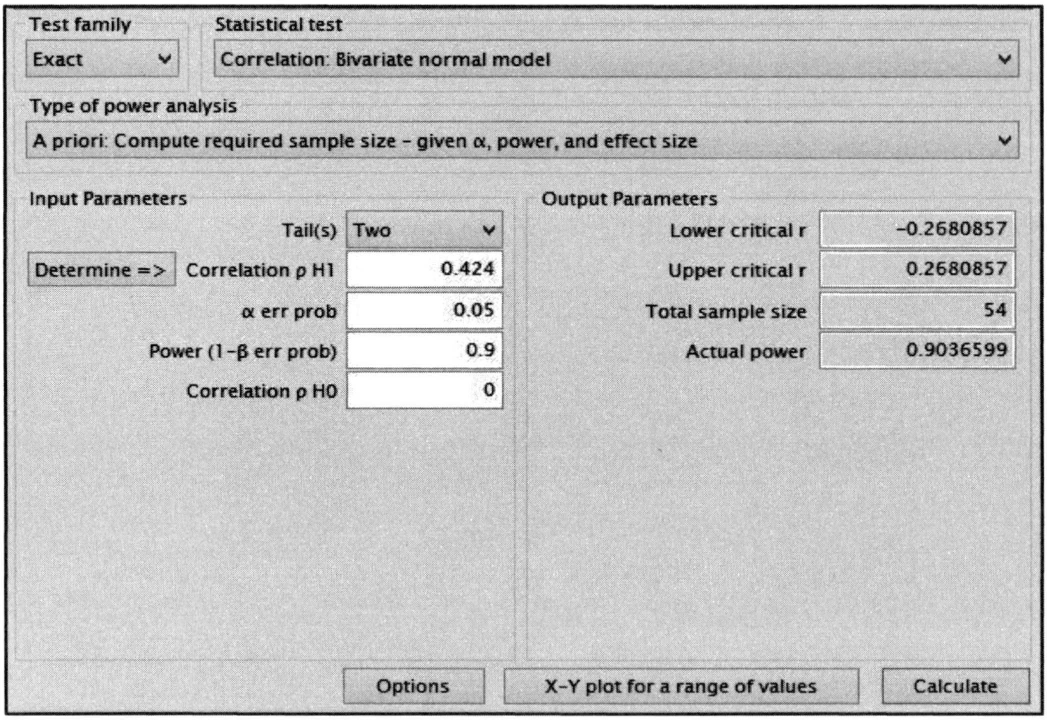

〈그림 5.1〉 단일 모집단 상관계수 검정의 표본크기 계산

Cohen(1988)은 상관계수에 대하여 다음과 같은 일반적인 기준을 제시하였다.

- 작은(small): $\rho = 0.1$
- 중간의(midium): $\rho = 0.3$
- 큰(large): $\rho = 0.5$

5.1.3 표본크기 계산

G*Power의 메인 윈도우에서 단일 모집단 상관계수 검정의 표본크기 계산을 위해 필요한 입력 사항은 다음과 같다(그림 5.1 참조).

〈G*Power〉 단일 모집단 상관계수 검정의 표본크기 계산을 위한 입력 사항

메뉴: Tests>Correlation and regression>Correlation: Bivariate normal model

- Tail(S): One = 단측검정, Two = 양측검정 [초기값 = One]
- Correlation ρ H1: 대립가설하에서의 상관계수(ρ) [초기값 = 0.3]
- α err prob: 유의수준 [초기값 = 0.05]

- Power($1-\beta$ err prob): 검정력 [초기값 = 0.95]
- Correlation ρ H0: 귀무가설하에서의 상관계수(ρ_0). 예를 들어, $\rho_0 = 0$일 경우, 양측검정 가설은 '$H_0 : \rho = 0, H_1 : \rho \neq 0$'이 된다. [초기값 = 0]

예를 들어, "양측검정(two-tail test), 대립가설하에서의 상관계수(ρ) = 0.424, 유의수준(α) = 0.05, 검정력($1-\beta$) = 0.9, 귀무가설하에서의 상관계수(ρ_0) = 0"의 조건하에서 표본크기를 계산하면 $n = 54$가 산출된다(그림 5.1 참조).

한편, 상관계수 ρ에 대하여 Cohen(1988)의 일반적인 기준하에서 표본크기를 계산하면 다음과 같다[유의수준(α) = 0.05, 검정력($1-\beta$) = 0.9, 귀무가설하에서의 상관계수(ρ_0) = 0].

ρ	양측검정	단측검정
0.1(small)	1,046	853
0.3(midium)	112	92
0.5(large)	37	31

5.2 독립 상관계수의 차이 검정

두 개의 독립 모집단 상관계수에 대한 차이 검정을 경우를 고려하자. 이 경우 일반적인 양측검정 가설은 다음과 같다(Fisher, 1921; Zou, 2007).

$$H_0 : \rho_1 = \rho_2 \quad \text{vs} \quad H_1 : \rho_1 \neq \rho_2$$

5.2.1 SPSS 분석 사례

앞 절의 사례에서 전반적 만족도와 디자인 만족도의 상관계수를 성별로 비교하는 경우를 다루어 보도록 한다. 여기에서 사용된 변수의 내용과 SPSS의 출력결과 중 일부는 다음과 같다.[3]

- 변수: 전반적 만족도(Y), 디자인 만족도(X1)
- 파일 분할 변수: 성별(Gender)[4]

---

[3] SPSS의 '분석(A)>상관분석(C)>이변량 상관(B)' 메뉴를 이용하였다.

[4] SPSS의 '데이터(D)>파일분할(F)' 메뉴에서 분할 집단변수를 '성별(Gender)'로 지정하였다.

<상관관계>

성별		전반적 만족도	디자인 만족도
남자	전반적 만족도	1	
	디자인 만족도	.383*	1
여자	전반적 만족도	1	
	디자인 만족도	.492*	1

* 유의수준 5%하에서 유의함을 나타냄($n_1 = 397$, $n_2 = 274$).

〈참조〉 R 소프트웨어의 psych 패키지를 이용한 Fisher의 z-검정

```
> library(psych)
> r.test(r12=0.383,r34=0.492,n=397,n2=274)
-----------------------------------------------------------------
Test of difference between two independent correlations
 z value 1.71    with probability  0.09
```

〈참조〉 R 소프트웨어의 cocor 패키지를 이용한 Fisher의 z-검정

```
> library(cocor)
> cocor.indep.groups(r1.jk=0.383,r2.hm=0.492,n1=397,n2=274)
-----------------------------------------------------------------
Comparison between r1.jk = 0.383 and r2.hm = 0.492
Difference: r1.jk - r2.hm = -0.109
Group sizes: n1 = 397, n2 = 274
Null hypothesis: r1.jk is equal to r2.hm
Alternative hypothesis: r1.jk is not equal to r2.hm (two-sided)
Alpha: 0.05

fisher1925: Fisher's z (1925)
  z = -1.7122, p-value = 0.0869
  Null hypothesis retained

zou2007: Zou's (2007) confidence interval
  95% confidence interval for r1.jk - r2.hm: -0.2307 0.0161
  Null hypothesis retained (Interval includes 0)
```

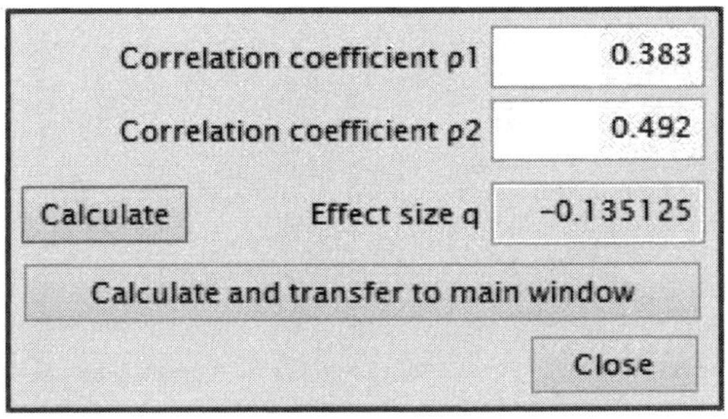

⟨그림 5.2⟩ 독립 상관계수 차이 검정의 효과크기 계산

5.2.2 효과크기 계산

두 개의 독립 모집단 상관계수에 대한 차이 검정에서 일반적으로 사용되는 효과크기는 Fisher의 z-변환을 이용하여 다음과 같이 정의된다.

$$q = |z_1 - z_2|, \ z_i = \frac{1}{2}\ln\left[\frac{(1+\rho_i)}{(1-\rho_i)}\right], \ i = 1, \ 2.$$

Cohen(1988)은 효과크기 q에 대하여 다음과 같은 일반적인 기준을 제시하였다.

- ◦ 작은(small): $q = 0.1$
- ◦ 중간의(midium): $q = 0.3$
- ◦ 큰(large): $q = 0.5$

⟨G*Power⟩ 독립 상관계수 차이 검정의 효과크기 계산을 위한 입력 사항

메뉴: Tests>Correlation and regression>Correlations: Two independent Pearson r's

- Correlation coefficient ρ_1: 집단 1의 상관계수
- Correlation coefficient ρ_2: 집단 2의 상관계수

앞의 분석 사례에 대하여 효과크기를 계산하여 보자(그림 5.2 참조). 먼저 Fisher의 z-변환을 이용하여 z_1과 z_2는 다음과 같이 계산된다.

$$z_1 = \frac{1}{2}\ln\left[\frac{1+r_1}{1-r_1}\right] = \frac{1}{2}\ln\left[\frac{1+0.383}{1-0.383}\right] = 0.807/2 = 0.404$$

$$z_2 = \frac{1}{2}\ln\left[\frac{1+r_2}{1-r_2}\right] = \frac{1}{2}\ln\left[\frac{1+0.492}{1-0.492}\right] = 1.077/2 = 0.539$$

따라서 효과크기의 추정치 $\hat{q} = |0.404 - 0.539| = 0.135$가 계산된다(그림 5.2 참조).

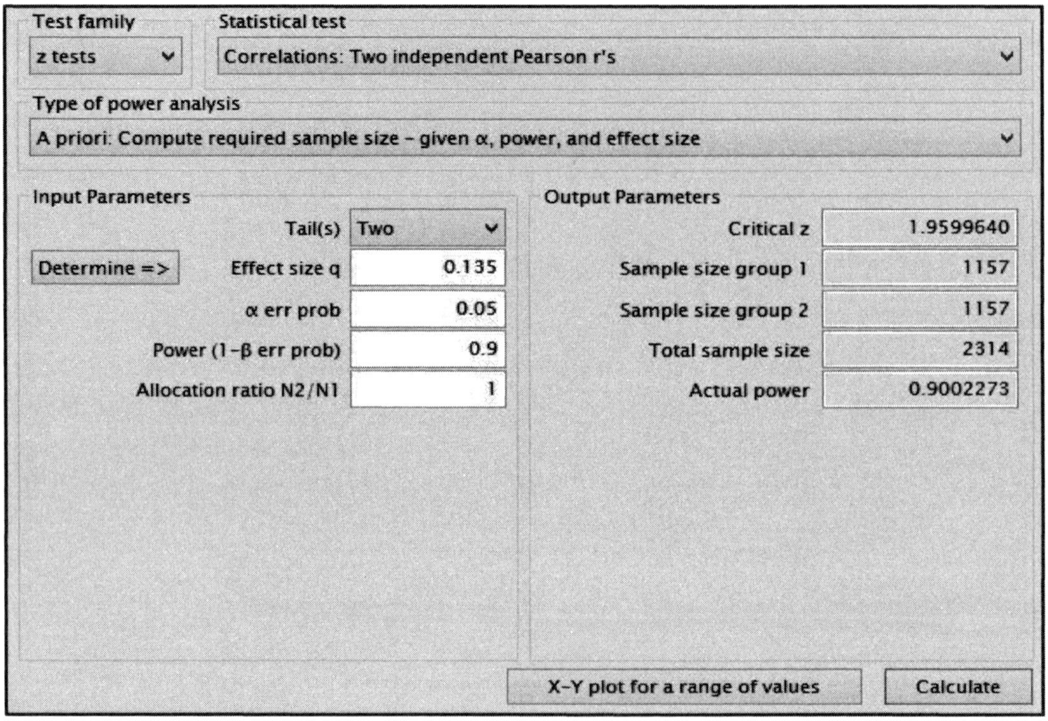

〈그림 5.3〉 독립 상관계수 차이 검정의 표본크기 계산

5.2.3 표본크기 계산

G*Power의 메인 윈도우에서 독립 상관계수 차이 검정의 표본크기 계산을 위해 필요한 입력 사항은 다음과 같다(그림 5.3 참조).

〈G*Power〉 독립 상관계수 차이 검정의 표본크기 계산을 위한 입력 사항

메뉴: Tests>Correlation and regression>Correlations: Two independent Pearson r's

- Tail(S): One = 단측검정, Two = 양측검정 [초기값 = One]
- Effect size q: 효과크기 [초기값 = 0.6]
- α err prob: 유의수준 [초기값 = 0.05]
- Power($1-\beta$ err prob): 검정력 [초기값 = 0.95]
- Allocation ratio N2/N1: 두 집단 표본크기의 비를 의미한다. 예를 들어, '1'을 입력하면 실험군과 대조군의 표본크기가 동일하도록 설계한다는 의미이며, '2'를 입력하면 대조군의 표본크기가 실험군에 비하여 2배가 되도록 설계한다는 의미이다. [초기값 = 1]

예를 들어, "양측검정(two-tail test), 효과크기($\hat{q}$) = 0.115, 유의수준(α) = 0.05, 검정력 $(1-\beta) = 0.9$, $n_2/n_1 = 1$"의 조건하에서 표본크기를 계산하면 $n = 2,314(n_1 = n_2 = 1,157)$가 산출된다(그림 5.3 참조).

또한, 나머지 조건을 동일하게 하고 단측검정(one-tail test)을 위한 표본크기를 계산하면 $n = 2,598$이 산출된다.

한편, 효과크기 q에 대하여 Cohen(1988)의 일반적인 기준하에서 표본크기를 계산하면 다음과 같다[유의수준(α) = 0.05, 검정력$(1-\beta) = 0.9$, $n_2/n_1 = 1$].

ρ	양측검정	단측검정
0.1(small)	$4,210$ $(n_i = 2,105)$	$3,432$ $(n_i = 1,716)$
0.3(midium)	474 $(n_i = 237)$	388 $(n_i = 194)$
0.5(large)	176 $(n_i = 88)$	144 $(n_i = 72)$

5.3 대응 상관계수의 차이 검정

예를 들어, 네 개의 변수 a, b, c, d에 대하여 다음과 같은 상관계수 행렬을 고려하자.

$$R = \begin{pmatrix} 1 & \rho_{ab} & \rho_{ac} & \rho_{ad} \\ \rho_{ba} & 1 & \rho_{bc} & \rho_{bd} \\ \rho_{ca} & \rho_{cb} & 1 & \rho_{cd} \\ \rho_{da} & \rho_{db} & \rho_{dc} & 1 \end{pmatrix}$$

이와 같은 상황에서 특정한 두 상관계수의 차이를 검정하는 경우 다음과 같은 2가지 상황이 발생한다(Steiger, 1980; 유나영, 2012).

5.3.1 중첩된 변수가 있는 경우

네 개의 변수 중에서 하나의 중첩된 변수를 갖는 두 상관계수의 차이를 검정하는 경우를 고려하자(Williams, 1959; Steiger, 1980). 이에 해당하는 가설은 다음과 같다.

$$H_0 : \rho_{ab} = \rho_{ac} \quad \text{vs} \quad H_1 : \rho_{ab} \neq \rho_{ac}$$

예를 들어, 5.1절의 사례에서 'ρ_{ab}: 편리성 만족도와 성능 만족도의 상관계수', 'ρ_{ac}: 편리성 만족도와 견고성 만족도의 상관계수'라고 할 때, 두 상관계수의 차이를 검정하는 경우이다.

〈참조〉 R 소프트웨어의 psych 패키지를 이용한 Williams의 검정

```
> library(psych)
> r.test(r12=0.627,r13=0.483,r23=0.549,n=671)
-------------------------------------------------------------
Test of difference between two correlated  correlations
 t value 5.06    with probability < 5.4e-07
```

〈참조〉 R 소프트웨어의 cocor 패키지를 이용한 Steiger의 검정

```
> library(cocor)
> ccocor.dep.groups.overlap(r.jk=0.627,r.jh=0.483,r.kh=0.549,
+                            n=671,test="steiger1980")
-------------------------------------------------------------
Comparison between r.jk = 0.627 and r.jh = 0.483
Difference: r.jk - r.jh = 0.144
Related correlation: r.kh = 0.549
Group size: n = 671
Null hypothesis: r.jk is equal to r.jh
Alternative hypothesis: r.jk is not equal to r.jh (two-sided)
Alpha: 0.05

steiger1980: Steiger's (1980) modification of
Dunn and Clark's z (1969) using average correlations
  z = 5.0018, p-value = 0.0000
  Null hypothesis rejected
```

G*Power의 메인 윈도우에서 중첩된 대응 상관계수 차이 검정의 표본크기 계산을 위해 필요한 입력 사항은 다음과 같다(그림 5.4 참조).

〈G*Power〉 대응 상관계수 차이 검정의 표본크기 계산을 위한 입력 사항

메뉴: Tests>Correlation and regression>Correlations: Two dependent Pearson r's (common index)

- Tail(S): One = 단측검정, Two = 양측검정 [초기값 = One]
- H1 corr ρ_ac: ρ_{ac} [초기값 = -0.1]

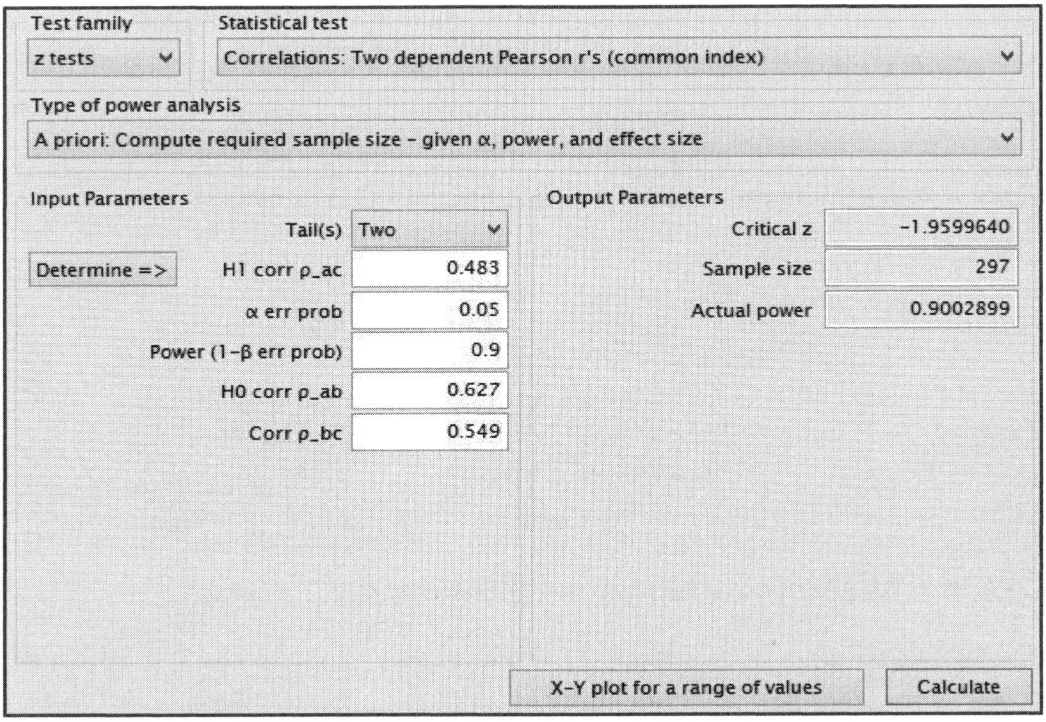

〈그림 5.4〉 대응 상관계수 차이 검정의 표본크기 계산 – 중첩된 경우

- α err prob: 유의수준 [초기값 $= 0.05$]
- Power($1 - \beta$ err prob): 검정력 [초기값 $= 0.95$]
- H0 corr ρ_ab: ρ_{ab} [초기값 $= 0.1$]
- corr ρ_bc: ρ_{bc} [초기값 $= -0.1$]

예를 들어, "양측검정(two-tail test), $\rho_{ac} = 0.483$, 유의수준(α) $= 0.05$, 검정력($1 - \beta$) $= 0.9$, $\rho_{ab} = 0.627$, $\rho_{bc} = 0.549$"의 조건하에서 표본크기를 계산하면 $n = 297$이 산출된다 (그림 5.4 참조).

5.3.2 중첩된 변수가 없는 경우

네 개의 변수 중에서 중첩이 없이 각각 2개의 변수로부터 구해진 상관계수의 차이를 검정하는 경우를 고려하자(Steiger, 1980). 이에 해당하는 가설은 다음과 같다.

$$H_0 : \rho_{ab} = \rho_{cd} \quad \text{vs} \quad H_1 : \rho_{ab} \neq \rho_{cd}$$

예를 들어, 5.1절의 사례에서 'ρ_{ab}: 디자인 만족도와 편리성 만족도의 상관계수', 'ρ_{cd}: 성능 만족도와 견고성 만족도의 상관계수'라고 할 때, 두 상관계수의 차이를 검정하는 경우이다.

〈참조〉 R 소프트웨어의 psych 패키지를 이용한 Steiger의 검정

```
> library(psych)
> r.test(r12=0.431,r34=0.549,
+         r13=0.488,r14=0.398,r23=0.627,r24=0.483,n=671)
--------------------------------------------------------------
Test of difference between two dependent correlations
 z value -3.2    with probability  0
```

〈참조〉 R 소프트웨어의 cocor 패키지를 이용한 Steiger의 검정

```
> library(cocor)
> cocor.dep.groups.nonoverlap(r.jk=0.431,r.hm=0.549,
+ r.jh=0.488,r.jm=0.398,r.kh=0.627,r.km=0.483,n=671,
+ test="steiger1980")
--------------------------------------------------------------
Results of a comparison of
two nonoverlapping correlations based on dependent groups

Comparison between r.jk = 0.431 and r.hm = 0.549
Difference: r.jk - r.hm = -0.118
Related correlations: r.jh = 0.488, r.jm = 0.398,
                      r.kh = 0.627, r.km = 0.483
Group size: n = 671
Null hypothesis: r.jk is equal to r.hm
Alternative hypothesis: r.jk is not equal to r.hm (two-sided)
Alpha: 0.05

steiger1980: Steiger's (1980) modification of
Dunn and Clark's z (1969) using average correlations
  z = -3.2009, p-value = 0.0014
  Null hypothesis rejected
```

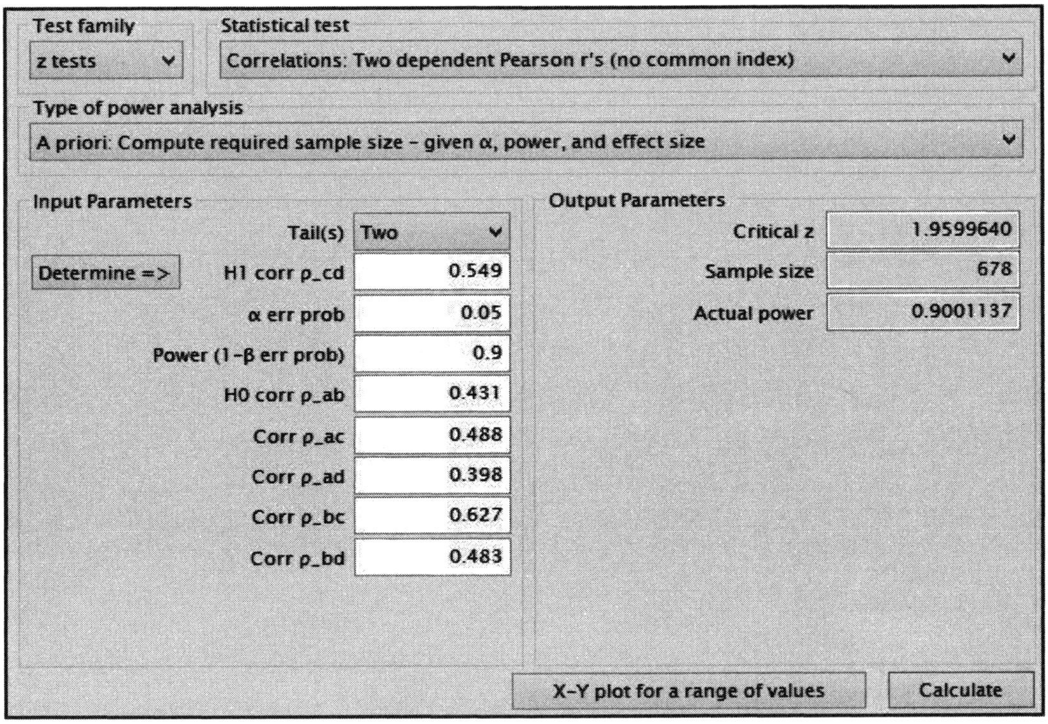

〈그림 5.5〉 대응 상관계수 차이 검정의 표본크기 계산 – 중첩되지 않은 경우

G*Power의 메인 윈도우에서 중첩되지 않은 대응 상관계수 차이 검정의 표본크기 계산을 위해 필요한 입력 사항은 다음과 같다(그림 5.5 참조).

〈G*Power〉 대응 상관계수 차이 검정의 표본크기 계산을 위한 입력 사항

메뉴: Tests>Correlation and regression>Correlations: Two dependent Pearson r's (no common index)

- Tail(S): One = 단측검정, Two = 양측검정 [초기값 = One]
- H1 corr ρ_cd: ρ_{cd} [초기값 = 0.15]
- α err prob: 유의수준 [초기값 = 0.05]
- Power($1-\beta$ err prob): 검정력 [초기값 = 0.95]
- H0 corr ρ_ab: ρ_{ab} [초기값 = 0.1]
- corr ρ_ac: ρ_{ac} [초기값 = 0.7], corr ρ_ad: ρ_{ad} [초기값 = 0.6]
- corr ρ_bc: ρ_{bc} [초기값 = 0.4], corr ρ_bd: ρ_{bd} [초기값 = 0.41]

예를 들어, "양측검정(two-tail test), $\rho_{cd} = 0.549$, 유의수준(α) = 0.05, 검정력($1-\beta$) = 0.9, $\rho_{ab} = 0.431$, $\rho_{ac} = 0.488$, $\rho_{ad} = 0.398$, $\rho_{bc} = 0.627$, $\rho_{bd} = 0.483$"의 조건하에서 표본크기를 계산하면 $n = 678$이 산출된다(그림 5.5 참조).

5.A 부록: SAS 프로그램의 예

이 절에서는 단일 모집단 상관계수에서 다루었던 사례에 대하여 SAS/STAT 소프트웨어의 PROC POWER를 이용하여 표본크기를 계산하는 프로그램의 예를 제시한다.

ONECORR 명령문은 Pearson의 상관계수에 대한 검정력 분석 및 표본크기 계산을 수행한다.

⟨SAS 프로그램 5.1⟩ 단일 모집단 상관계수

```
PROC POWER;
  ONECORR
    DIST = FISHERZ      /* 통계분석: Fisher의 z-검정 */
    CORR = 0.424        /* 상관계수 */
    NULLCORR = 0        /* 귀무가설하에서의 상관계수 */
    SIDES = 2           /* 단측검정=1, 양측검정=2 */
    ALPHA = 0.05        /* 유의수준 */
    POWER = 0.9         /* 검정력 */
    NTOTAL = .;         /* 표본크기 */
RUN;
---------------------------------------------------------------
<Fixed Scenario Elements>
Number of Sides                                            2
Null Correlation                                           0
Nominal Alpha                                           0.05
Correlation                                            0.424
Nominal Power                                            0.9
Number of Variables Partialled Out                         0
---------------------------------------------------------------
<Computed N Total>
Actual    Actual        N
 Alpha     Power    Total
  0.05     0.904       54
```

제 6 장
회귀분석

Regression Analysis

회귀분석(regression analysis)은 하나 이상의 설명변수 $X_1,\ X_2,\ \cdots,X_p$가 반응변수 Y에 어떠한 영향을 미치는지를 분석하는 방법이다. 이 장에서는 양적 반응변수에 사용되는 선형 회귀분석과 질적 반응변수에 사용되는 로지스틱 회귀분석의 경우를 다룬다.

6.1 선형 회귀분석

양적 종속변수(반응변수) Y와 p개의 독립변수(설명변수) $X_1,\ X_2,\ \cdots,X_p$가 있을 때, 선형 회귀분석(linear regression) 모형은 다음과 같이 표현된다.

$$Y = \beta_0 + \beta_1 X_1 + \beta_2 X_2 + \cdots + \beta_p X_p + \epsilon$$

여기에서 $\beta_0,\ \beta_1,\ \beta_2,\ \cdots,\ \beta_p$는 추정되어야 할 $p+1$개의 회귀계수이며, ϵ은 오차항이다.

6.1.1 SPSS 분석 사례

강현철 등(2009)에 제시된 사례를 다루어 보도록 한다.[1] 여기에서 사용된 변수의 내용과 SPSS의 출력결과 중 일부는 다음과 같다.[2]

- ◦ 종속변수: 구입 의사(Y)
- ◦ 양적 설명변수(공변량): 디자인 만족도(X1), 편리성 만족도(X2), 성능 만족도(X3), 견고성 만족도(X4)
- ◦ 질적 설명변수(고정요인): 성별(Gender; 1 = 남자, 2 = 여자), 연령(Age; 1 = 10대, 2 = 20대, 3 = 30대, 4 = 50대, 5 = 50대 이상)

<모형 요약>

R	R 제곱	수정된 R 제곱	추정값의 표준오차
.541	.293	.283	.944

<ANOVA>

	제곱합	자유도	평균제곱	F	유의확률
회귀	236.426	9	26.270	29.451	.000b
잔차	571.762	641	.892		
전체	808.187	650			

[1]강현철, 한상태, 최호식 (2010). ≪SPSS 데이터 분석 입문≫, p. 228-231.

[2]SPSS의 '분석(A)>회귀분석(C)>선형(L)' 메뉴와 '분석(A)>일반선형모형(G)>일변량(U)' 메뉴를 이용하였다.

<일변량 분석: 개체-간 효과 검정>

소스	제 III 유형 제곱합	자유도	평균제곱	F	유의확률	부분 에타 제곱	관측 검정력
X1	24.972	1	24.972	27.996	.000	.042	1.000
X2	10.943	1	10.943	12.269	.000	.019	.938
X3	6.643	1	6.643	7.447	.007	.011	.778
X4	13.754	1	13.754	15.419	.000	.023	.975
Gender	5.358	1	5.358	6.007	.015	.009	.687
Age	6.675	4	1.669	1.871	.114	.012	.568
오차	571.762	641	.892				
수정된 합계	808.187	650					

<계수: 모수 추정값>[3]

	비표준화 계수		표준화 계수			
	B	표준오차	베타	t/F	자유도	유의확률
(상수)	.869	.280		3.105		.002
디자인 만족도	.242	.046	.210	5.291	1	.000
편리성 만족도	.196	.056	.158	3.503	1	.000
성능 만족도	.159	.058	.132	2.729	1	.007
견고성 만족도	.187	.048	.162	3.927	1	.000
성별	-	-	-	6.077	1	.015
남자	-.187	.076	-.082	-2.451	1	.015
여자	.000	-	-	-	-	-
연령	-	-	-	1.871	4	.114
10대	-.059	.137	-.016	-0.434	1	.665
20대	-.224	.106	-.084	-2.102	1	.036
30대	-.257	.108	-.094	-2.374	1	.018
40대	-.126	.112	-.044	-1.127	1	.260
50대	.000	-	-	-	-	-

[3] F-값과 자유도는 일변량 분석의 결과로부터 얻어짐. SPSS의 '분석(A)>일반선형모형(G)>일변량(U)' 메뉴를 이용하였음.

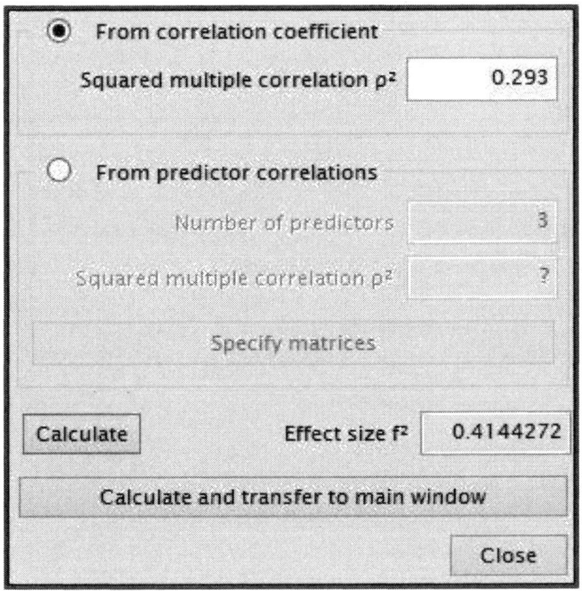

⟨그림 6.1⟩ 선형 회귀분석의 효과크기 계산

6.1.2 효과크기 계산

선형 회귀분석에서 설명변수들에 의해 반응변수가 설명되는 정도를 평가하는 측도 중 하나는 **결정계수**(coefficient of determination)이며, 이는 통상 R^2(R-square)로 표기된다. 이때 일반적으로 사용되는 효과크기는 다음과 같다.

$$f^2 = \frac{R^2}{1 - R^2}$$

여기에서 $R^2 = \sigma_R^2/\sigma_T^2$으로서 전체 분산($\sigma_T^2$) 중에서 회귀식으로 설명되는 분산($\sigma_R^2$)의 비율을 의미한다. 또한 $R^2 = f^2/(1 + f^2)$이 성립한다.

Cohen(1988)은 효과크기 f^2에 대하여 다음과 같은 일반적인 기준을 제시하였다.

- 작은(small): $f^2 = 0.1$ ($R^2 = 0.02$)
- 중간의(midium): $f^2 = 0.15$ ($R^2 = 0.13$)
- 큰(large): $f^2 = 0.35$ ($R^2 = 0.26$)

⟨G*Power⟩ 선형 회귀분석의 효과크기 계산을 위한 입력 사항

메뉴: Tests>Correlation and regression>Linear multiple regression: Fixed model, R^2 deviation from zero

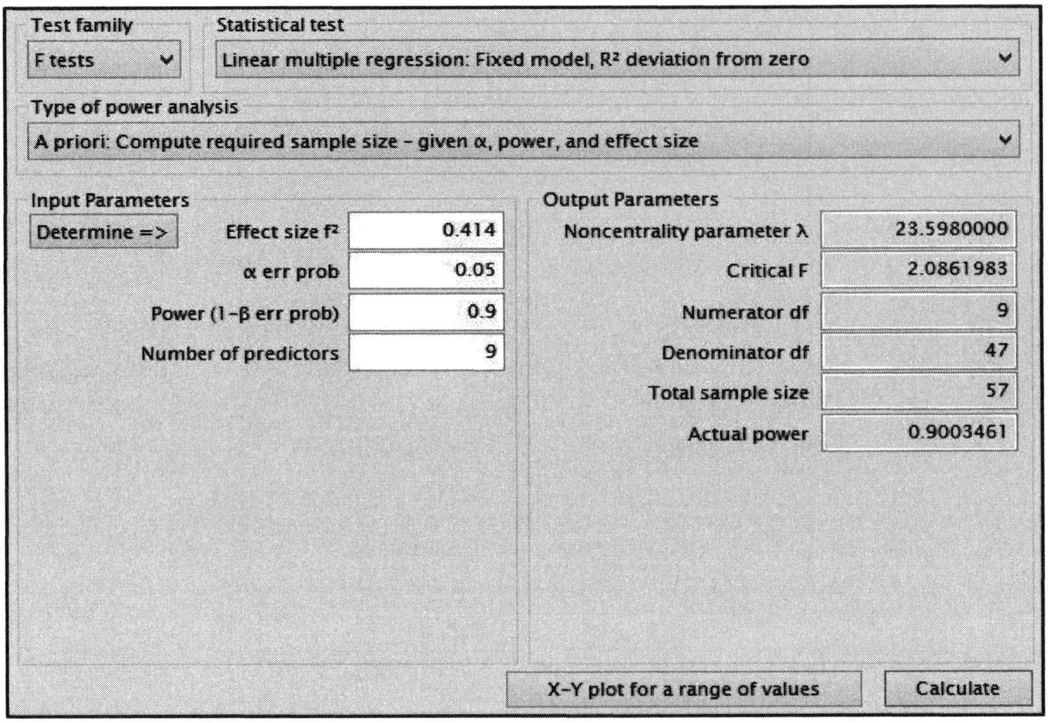

⟨그림 6.2⟩ 선형 회귀분석의 표본크기 계산

- Squared multiple correlation: 결정계수(R^2)

예를 들어, 앞의 분석 사례에 대하여 효과크기의 추정치를 계산하면 다음과 같다(그림 6.1 참조).

$$\hat{f}^2 = \frac{R^2}{1-R^2} = \frac{0.293}{1-0.293} = 0.414$$

6.1.3 표본크기 계산

선형 회귀분석에서 일반적인 관심 가설은 다음과 같다.

$$H_0 : R^2 = 0, \quad H_1 : R^2 > 0$$

G*Power의 메인 윈도우에서 이와 같은 가설을 검정하는 데 있어서 표본크기 계산을 위해 필요한 입력 사항은 다음과 같다(그림 6.2 참조).

〈G*Power〉 선형 회귀분석의 표본크기 계산을 위한 입력 사항

메뉴: Tests>Correlation and regression>Linear multiple regression: Fixed model, R^2 deviation from zero

- Effect size f^2: 효과크기(f^2) [초기값 = 0.15]
- α err prob: 유의수준 [초기값 = 0.05]
- Power($1-\beta$ err prob): 검정력 [초기값 = 0.95]
- Number of predictors: 설명변수의 개수(p). k개의 범주를 갖는 범주형 변수의 경우, $k-1$개의 가변수(dummy variable)가 설명변수로 포함된다. [초기값 = 2]

예를 들어, "효과크기(f^2) = 0.414, 유의수준(α) = 0.05, 검정력($1-\beta$) = 0.9, 설명변수의 개수(p) = 9"의 조건하에서 표본크기를 계산하면 n = 57이 산출된다(그림 6.1 참조).

한편, 효과크기 f^2에 대하여 Cohen(1988)의 일반적인 기준하에서 표본크기를 계산하면 다음과 같다[유의수준(α) = 0.05, 검정력($1-\beta$) = 0.9, p = 1, 3, 5, 7, 10].

f^2	$k=1$	$k=3$	$k=5$	$k=7$	$k=10$
0.02(small)	528	713	830	922	1,036
0.15(midium)	73	99	116	130	147
0.35(large)	33	45	53	60	69

6.2 두 회귀모형의 비교

종속변수 Y에 대하여 p개의 독립변수를 고려하는 모형 A와 $p+q$개의 독립변수를 고려하는 모형 AB가 있을 경우(모형 AB는 모형 A의 독립변수들을 모두 포함한다), q개의 독립변수를 추가하는 것이 설명력(R^2)을 증가시킬 수 있는지에 관심을 두게 된다. 즉, 이때의 일반적인 관심 가설은 다음과 같다.

$$H_0 : R^2_{AB} - R^2_A = 0, \quad H_1 : R^2_{AB} - R^2_A > 0$$

여기에서 R^2_A은 모형 A의 결정계수이며, R^2_{AB}은 q개의 독립변수가 추가된 모형 AB의 결정계수이다.

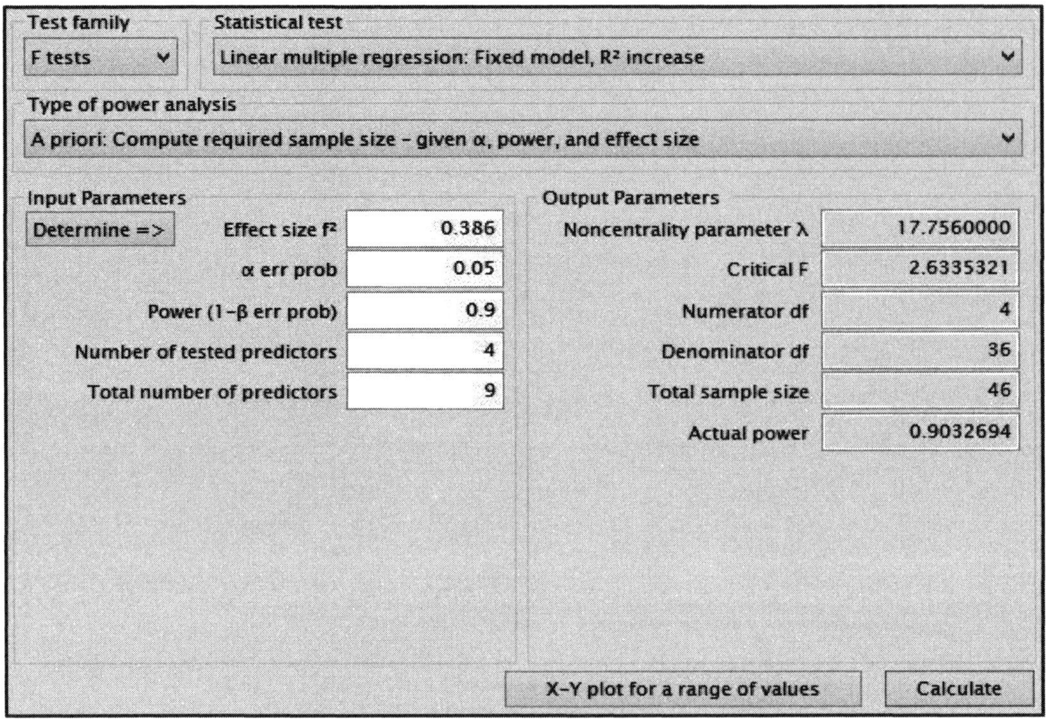

〈그림 6.3〉 두 회귀모형의 비교에서 표본크기 계산

6.2.1 효과크기 계산

두 개의 모형 A와 AB를 비교하는 경우 일반적으로 사용되는 효과크기는 다음과 같이 정의된다.

$$f^2 = \frac{R^2_{AB} - R^2_A}{1 - R^2_{AB}}$$

예를 들어, 앞의 분석 사례에서 성별(Gender)과 연령대(Age)만을 설명변수로 고려하는 경우 결정계수는 $R^2_A = 0.02$이고, 모든 설명변수를 모형에 고려할 경우 $R^2_{AB} = 0.293$이다. 따라서 효과크기의 추정치를 계산하면 다음과 같다.

$$\hat{f}^2 = \frac{0.293 - 0.02}{1 - 0.293} = \frac{0.273}{0.707} = 0.386$$

6.2.2 표본크기 계산

G*Power의 메인 윈도우에서 두 회귀모형의 비교에서 표본크기 계산을 위해 필요한 입력 사항은 다음과 같다(그림 6.3 참조).

⟨G*Power⟩ 두 회귀모형의 비교에서 표본크기 계산을 위한 입력 사항

메뉴: Tests>Correlation and regression>Linear multiple regression: Fixed model, R^2 increase

- Effect size f^2: 효과크기(f^2) [초기값 $= 0.15$]
- α err prob: 유의수준 [초기값 $= 0.05$]
- Power($1-\beta$ err prob): 검정력 [초기값 $= 0.95$]
- Number of tested predictors: 추가적인 설명변수의 개수(q) [초기값 $= 2$]
- Total number of predictors: 전체 설명변수의 개수($p+q$) [초기값 $= 5$]

예를 들어, "효과크기(f^2) $= 0.386$, 유의수준(α) $= 0.05$, 검정력($1-\beta$) $= 0.9$, Number of tested predictors(q) $= 4$, Total number of predictors($p+q$) $= 9$"의 조건하에서 표본크기를 계산하면 $n = 46$이 산출된다(그림 6.3 참조).

6.A 부록: SAS 프로그램의 예

이 절에서는 앞의 사례들에 대하여 SAS/STAT 소프트웨어의 PROC POWER를 이용하여 표본크기를 계산하는 프로그램의 예를 제시한다.

6.A.1 선형 회귀분석

MULTREG 명령문은 선형 회귀분석에 대한 검정력 분석 및 표본크기 계산을 수행한다.

⟨SAS 프로그램 6.1⟩ 선형 회귀모형

```
PROC POWER;
  MULTREG                    /* 통계분석: 선형 회귀분석 */
    MODEL = FIXED            /* 고정모형=FIXED, 랜덤모형=RANDOM */
    NFULLPREDICTORS = 9      /* 전체 설명변수의 개수 */
    NTESTPREDICTORS = 9      /* 검정 설명변수의 개수 */
    RSQUAREFULL = 0.293      /* 결정계수 */
    ALPHA = 0.05             /* 유의수준 */
    POWER = 0.9              /* 검정력 */
    NTOTAL = .;              /* 표본크기 */
RUN;
```

```
------------------------------------------------------------
<Fixed Scenario Elements>
Method                                          Exact
Model                                         Fixed X
Number of Predictors in Full Model                  9
Number of Test Predictors                           9
Alpha                                            0.05
R-square of Full Model                          0.293
Nominal Power                                     0.9
R-square of Reduced Model                           0
------------------------------------------------------------
<Computed N Total>
Actual         N
 Power     Total
 0.901        57
```

6.A.2 두 회귀모형의 비교

두 회귀모형을 비교에서 표본크기를 계산하기 위해서는 RSQUAREDIFF(또는 RSQUAREREDUCED) 옵션을 사용하면 된다.

⟨SAS 프로그램 6.3⟩ 두 회귀모형의 비교

```
PROC POWER;
  MULTREG                       /* 통계분석: 선형 회귀분석 */
    MODEL = FIXED               /* 고정모형=FIXED, 랜덤모형=RANDOM */
    NFULLPREDICTORS = 9         /* 전체 설명변수의 개수 */
    NTESTPREDICTORS = 4         /* 검정 설명변수의 개수 */
    RSQUAREFULL = 0.293         /* 전체 모형의 결정계수 */
    RSQUAREDIFF = 0.273         /* 결정계수의 차이 */
    ALPHA = 0.05                /* 유의수준 */
    POWER = 0.9                 /* 검정력 */
    NTOTAL = .;                 /* 표본크기 */
RUN;
------------------------------------------------------------
<Fixed Scenario Elements>
Method                                          Exact
```

```
Model                                              Fixed X
Number of Predictors in Full Model                       9
Number of Test Predictors                                4
Alpha                                                 0.05
R-square of Full Model                               0.293
Difference in R-square                               0.273
Nominal Power                                          0.9
--------------------------------------------------------------
<Computed N Total>
Actual        N
 Power    Total
 0.903       46
```

제 7 장
판별분석

Discriminant Analysis

판별분석(discriminant analysis)은 하나 이상의 설명변수 $X_1,\ X_2,\ \cdots, X_p$가 범주형 반응변수 Y에 어떠한 영향을 미치는지를 분석하는 방법이다. 이 장에서는 로지스틱 회귀분석의 경우를 다루고, 판별분석에서 사용될 수 있는 몇 가지 방법들을 설명한다.

7.1 로지스틱 회귀분석

질적 반응변수(종속변수) Y와 p개의 설명변수(독립변수) $X_1,\ X_2,\ \cdots, X_p$가 있을 때, 로지스틱 회귀분석(logistic regression) 모형은 다음과 같이 표현된다.

$$\log \frac{P(Y=1|X)}{1-P(Y=1|X)} = \beta_0 + \beta_1 X_1 + \beta_2 X_2 + \cdots + \beta_p X_p + \epsilon$$

여기에서 $\beta_0,\ \beta_1,\ \beta_2,\ \cdots,\ \beta_p$는 추정되어야 할 $p+1$개의 계수이며, ϵ은 오차항이다.

7.1.1 SPSS 분석 사례

강현철 등(2009)에 제시된 사례를 다루어 보도록 한다.[1] 여기에서 사용된 변수의 내용과 SPSS의 출력결과 중 일부는 다음과 같다.[2]

- 종속변수: 반응값(Response), $1=$ 성공$(n_1=25)$, $0=$ 실패$(n_0=21)$.
- 양적 설명변수: 유동성(Flow), 수익성(Income), Asset(순자산).
- 질적 설명변수(범주형): 유형(Type), $1=$ A, $2=$ B, $3=$ C.

<기술통계량>

	N	최솟값	최댓값	평균	표준편차
유동성	46	-5.63	5.80	.9426	2.60869
수익성	46	-4.10	1.38	-.0761	1.23333
순자산	46	3.31	50.59	20.2648	10.04180

<모형 요약>

-2 로그 우도	Cox와 Snell의 R-제곱	Nagelkerke R-제곱
28.390	.533	.713

[1]강현철, 한상태, 김기영, 전명식 (2005). ≪예제로 배우는 SAS 다변량 자료분석 입문≫, p. 229-231. 자료를 변형하여 사용하였음.

[2]SPSS의 '분석(A)>회귀분석(C)>이분형 로지스틱(G)' 메뉴를 이용하였다.

<계수: 방정식의 변수>

	B	S.E.	Wald	자유도	유의확률	Exp(B)	95% 신뢰구간	
							하한	상한
(상수항)	-6.451	2.511	6.600	1	.010	.002		
유동성	.832	.587	2.010	1	.156	2.299	.727	7.266
수익성	-.497	1.354	.135	1	.714	.609	.043	8.641
순자산	.327	.122	7.240	1	.007	1.387	1.093	1.760
유형			.078	2	.962			
A	.318	1.350	.055	1	.814	1.374	.097	19.376
B	-.076	1.101	.005	1	.945	.927	.107	8.017
C	.000	-	-	-	-	1.000	-	-

7.1.2 효과크기 계산

일반적으로 로지스틱 회귀분석에서 설명변수 X_i가 반응변수 Y에 미치는 영향력의 정도는 다음과 같이 정의되는 오즈비(odds ratio)로 평가된다.

$$OR = \exp(\beta_i) \left[= e^{\beta_i}\right]$$

여기에서 β_i는 설명변수 X_i의 계수이다.

예를 들어, 위의 사례에서 설명변수 '순자산'에 대한 오즈비는 $\exp(0.327) = 1.387$로 계산된다.

7.1.3 표본크기 계산

G*Power의 메인 윈도우에서 로지스틱 회귀분석의 표본크기 계산을 위해 필요한 입력사항은 다음과 같다(그림 7.1 참조).

⟨G*Power⟩ 로지스틱형 회귀분석의 표본크기 계산을 위한 입력 사항

메뉴: Tests>Correlation and regression>Logistic regression

- Tail(S): One = 단측검정, Two = 양측검정 [초기값 = One]
- Odds ratio: 오즈비(OR) [초기값 = 1.3]

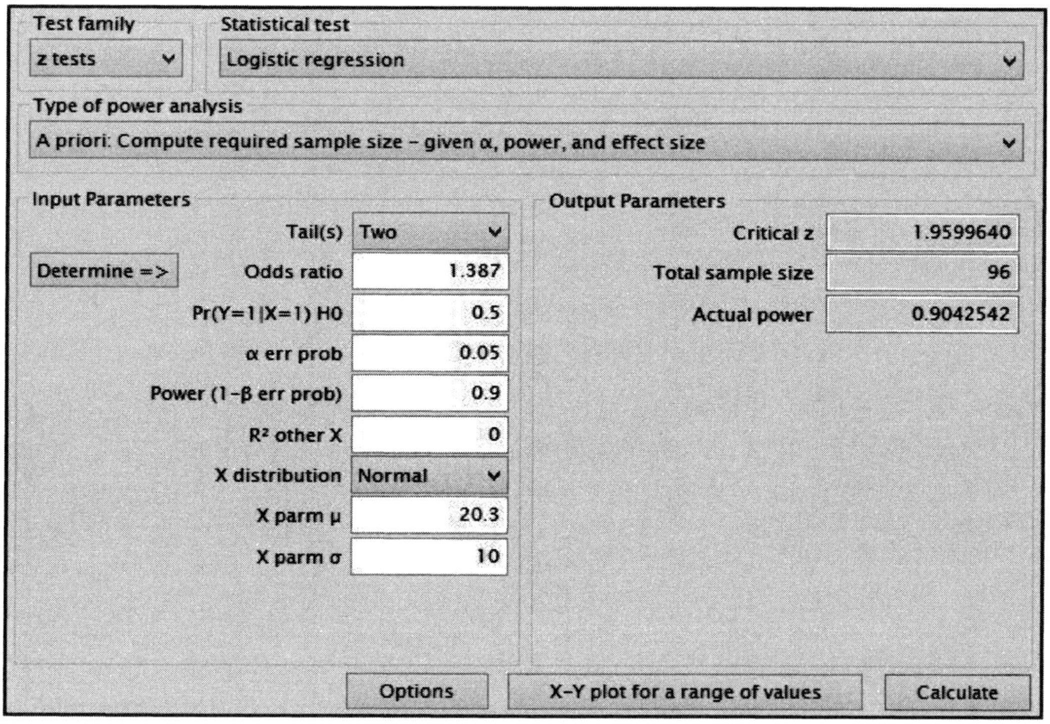

〈그림 7.1〉 로지스틱 회귀분석의 표본크기 계산

- Pr(Y=1|X=1) H0: 사전확률(prior probability). 즉, 설명변수를 고려하지 않은 상태에서 'Y=1'의 비율 [초기값 = 0.2]
- α err prob: 유의수준 [초기값 = 0.05]
- Power($1-\beta$ err prob): 검정력 [초기값 = 0.95]
- R^2 other X: 다른 설명변수들에 의한 R^2의 증가분 [초기값 = 0]
- X distribution: 설명변수 X의 분포(Binomial, Exponential, Lognormal, Normal, Poisson, Uniform, Manual). 예를 들어, 정규분포(Normal)의 경우 추가로 X의 평균(parm μ)과 표준편차(parm σ)를 입력해야 한다.

예를 들어, "양측검정(two-tail test), 오즈비(OR) = 1.387, 유의수준(α) = 0.05, 검정력 $(1-\beta)$ = 0.9, 다른 설명변수들에 의한 R^2의 증가분 = 0, 그리고 설명변수 X의 분포 = Normal(μ = 20.3, σ = 10)"의 조건하에서 표본크기를 계산하면 $n = 96$이 산출된다(그림 7.1 참조).

7.2 ROC 곡선과 AUC

이 절에서는 판별모형의 평가를 위해 가장 널리 사용되는 ROC(receiver operating characteristic) 곡선과 AUC(area under curve)를 설명한다.

7.2.1 정확도 통계량

이항 반응변수 $Y(=1, 0)$와 하나의 예측변수 Z가 주어져 있는 경우를 고려하자. 예측변수 Z는 어떤 연속형, 순서형, 범주형 변수일 수 있으며, 특정한 판별모형(discriminant model)의 구축을 통해 얻어진 사후확률 $\hat{P}(Y = 1|X_1, \cdots, X_p)$일 수도 있다. 여기에서 $X_1, \cdots, X_p$는 판별모형의 구축에 사용된 설명변수들이다.

예측변수 Z가 연속형 또는 순서형일 경우, 일반적으로 예측변수 Z에 의한 개체의 분류(classification) 또는 예측은 다음과 같은 규칙에 의하여 수행된다.

$$\hat{Y} = \begin{cases} 1, & \text{if } X \geq c, \\ 0, & \text{if } X < c. \end{cases}$$

여기에서 c를 **절단값**(cut-off value) 또는 **분류기준값**(threshold value)이라고 한다. 절단값 c가 주어져 있는 경우 〈표 7.1〉에서와 같이 분류 결과에 대한 **정오분류표**를 작성할 수 있다. 또한 예측변수 Z와 절단값 c에 대한 분류의 성능을 평가하기 위하여 일반적으로 다음과 같은 측도들이 계산된다.

- 정확도(accuracy, 정분류율) $= (n_{11} + n_{00})/n$
- 민감도(sensitivity, true positive rate) $= n_{11}/n_{1+}$
- 특이도(specificity, true negative rate) $= n_{00}/n_{0+}$

〈표 7.1〉에는 앞 절의 사례에서 추정된 사후확률을 통해 얻어진 정오분류표가 제시되어 있으며, 여기에서는 절단값으로 0.5가 사용되었다. 이 표에서 정확도 통계량들을 계산하면 다음과 같다.

〈표 7.1〉 정오분류표의 형태

		예측값 ($\hat{Y}$)		전체
실제값 (Y)	1	n_{11}	n_{10}	n_{1+}
	0	n_{01}	n_{00}	n_{0+}
전체		n_{+1}	n_{+0}	n

		예측값 ($\hat{Y}$)		전체
실제값 (Y)	1	23	2	25
	0	3	18	21
전체		26	20	46

- 정확도 $= (23 + 18)/46 = 89.1\%$
- 민감도 $= 23/25 = 92.0\%$
- 특이도 $= 18/21 = 85.7\%$

〈표 7.2〉 절단값에 따른 정확도, 민감도, 특이도 (일부)[3]

절단값	정확도	민감도	특이도
0.000	0.543	1.000	0.000
0.100	0.717	0.960	0.429
0.225	0.826	0.960	0.667
0.357	0.870	0.960	0.762
0.434	0.891	0.960	0.810
0.548	0.891	0.920	0.857
0.628	0.870	0.880	0.857
0.717	0.826	0.760	0.905
0.803	0.804	0.680	0.952
0.909	0.696	0.440	1.000
1.000	0.457	0.000	1.000

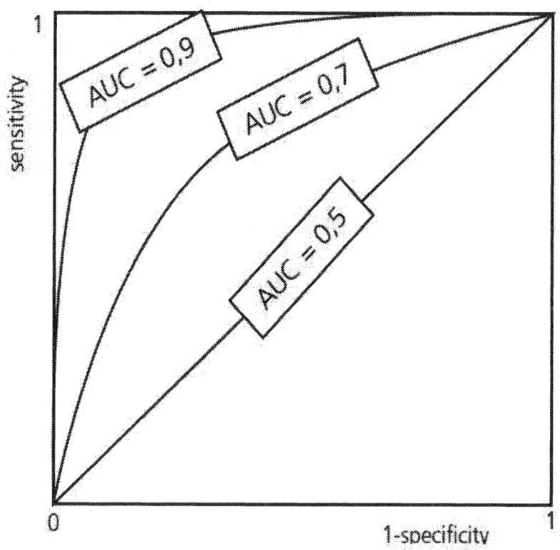

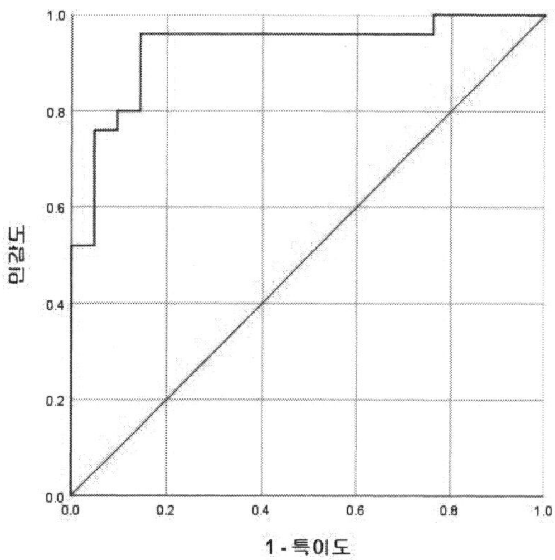

〈그림 7.2〉 ROC 곡선(Receiver Operating Characteristic curve)

[3]SPSS의 '분석(A)>ROC 곡선(V)>' 메뉴를 이용하였다. 정확도 = (민감도$\times n_{1+}$ + 특이도$\times n_{0+}$)$/n$

7.2.2 ROC 곡선

앞의 사례에서 볼 수 있듯이 예측변수 또는 판별모형의 성능을 평가할 때 어려운 점 중 하나는 절단값에 따라 정확도, 민감도, 특이도의 값이 달라진다는 점이다. 즉, 이러한 측도들은 예측변수 Z와 절단값 c의 성능을 함께 평가하는 의미를 가지게 된다. 따라서 예측변수의 전체적인 성능을 평가하기 위해서는 절단값에 의존하지 않는 성능평가 도구가 필요하게 되는데, 주로 사용되는 것으로는 ROC(receiver operating characteristic) 곡선의 AUC(area under the curve), K-S(Kolmogorov- Smirnov) 통계량, 향상도(lift) 값 등이 있다.

ROC 곡선은 판별분석 분야에서 분류의 정확도를 도표로 평가하기 위해 전통적으로 사용되어져 온 것 중 하나이다. 예측변수 Z의 각 절단값에 대한 민감도와 특이도를 계산한 후, '민감도'를 수직축으로 하고 대응되는 '1−특이도'를 수평축으로 하여 연결선을 그리면 ROC 곡선이 작성된다(그림 7.2 참조; Simundic, 2009; 김지현 등, 2018).

7.2.3 SPSS 분석 사례

앞 절의 사례에 대하여 SPSS를 사용하여 ROC 곡선을 작성하여 보자. 여기에서 사용된 변수의 내용은 다음과 같다.[4]

- 검정변수: 예측확률(PRE_1)[5]
- 상태변수: 반응값(Response)
- 상태변수 양의 값: 1

⟨표 7.2⟩에는 앞 절의 사례에 대하여 각 절단값에 따른 '민감도'와 '1−특이도'가 제시되어 있으며, 그림 7.2에는 대응되는 ROC 곡선이 제시되어 있다.

<곡선 아래 영역>

영역 (AUC)	표준오차 (SE)	근사 유의확률^b	근사 95% 신뢰구간	
			하한	상한
0.931	0.039	0.000	0.855	1.000

a. 비모수 분포 가정

b. 영가설: 실제 영역 = 0.5

[4]SPSS의 '분석(A)>ROC 곡선(V)>' 메뉴를 이용하였다. '표시' 영역의 ROC 곡선, 대각 참조선 있음, 표준오차 및 신뢰구간, ROC 곡선의 좌표점 옵션에 체크하였음.

[5]로지스틱 회귀분석을 통해 계산되었다. '로지스틱 회귀: 저장' 대화상자에서 '예측값' 영역의 확률, 소속 집단 옵션에 체크하면 얻을 수 있다.

7.2.4 AUC(Area Under the Curve)

AUC는 ROC 곡선의 밑면적을 의미한다. 좋은 성능을 가진 모형일수록 ROC 곡선은 대각선 위 좌측상단에 가깝게 된다(그림 7.2 참조). 또한 대각선은 우연에 의한 ROC 곡선을 의미한다(즉, 대각선은 예측력이 전혀 없는 모형에 대한 ROC 곡선을 의미한다). 이러한 성질을 이용하여 AUC는 모형의 성능을 측정하는 척도로 사용될 수 있다. ROC 곡선이 대각선과 일치할 경우 AUC = 0.5이므로 AUC는 0.5와 1 사이의 값을 가지게 되며, 1에 가까울수록 모형의 성능이 좋음을 의미하게 된다. 또한 다음과 같은 평가기준을 적용하기도 한다(Simundic, 2009); 0.9~1 = excellent, 0.8~0.9 = very good, 0.7~0.8 = good, 0.6~0.7 = sufficient, 0.5~0.6 = bad, ≤0.5 = not useful.

앞의 분석 사례에서 AUC는 0.931(95% 신뢰구간: 0.855~1.000)로 추정되어 있으며, 가설 '$H_0 : AUC \leq 0.5$ *vs* $H_1 : AUC > 0.5$'에 대한 p-값은 < 0.001임을 볼 수 있다.

〈참조〉 R 소프트웨어의 AUC 패키지를 이용한 AUC 계산

```
> Finance = read.csv("E:/My_Work/Finance.csv")
> Finance$Response = factor(Finance$Response)
> library(AUC)
> roc.Finance = roc(Finance$PRE_1,Finance$Response)
> plot(roc.Finance)       # ROC 곡선
> auc(roc.Finance)        # AUC 계산
--------------------------------------------------------------
[1] 0.9314286
```

〈참조〉 R 소프트웨어의 pROC 패키지를 이용한 AUC 계산

```
> library(pROC)
> roc.Finance = roc(Response~PRE_1,data=Finance)
> plot.roc(roc.Finance)       # ROC 곡선
> auc(roc.Finance)            # AUC 계산
--------------------------------------------------------------
Area under the curve: 0.9314
--------------------------------------------------------------
> ci.auc(roc.Finance)         # AUC의 신뢰구간
--------------------------------------------------------------
95% CI: 0.8545-1 (DeLong)
--------------------------------------------------------------
```

```
> var(roc.Finance)              # AUC의 분산
--------------------------------------------------------------
[1] 0.001540801
```

7.3 민감도와 특이도를 이용하는 방법

이 절에서는 민감도와 특이도를 이용하여 표본크기를 계산하는 방법들을 설명한다(신선화 등, 2018).

7.3.1 추정의 정밀도를 기준으로 하는 방법

어떤 예측변수 Z와 절단값 c에 대하여 기대되는 민감도(Sn) 또는 특이도(Sp)가 주어져 있다고 하자. 또한 유병율(prevalence, Pu)이 주어져 있다고 하자. 민감도 또는 특이도를 추정함에 있어서, $(1-\alpha)\times 100\%$ 신뢰수준하에서 추정의 정밀도(precision)가 d를 넘지 않도록 하려 한다고 할 때, 민감도와 특이도를 고려한 표본크기는 각각 다음과 같이 계산될 수 있다(Buderer, 1996).

$$n_{Sn} = \frac{z_{\alpha/2}^2 Sn(1-Sn)}{d^2 \times Pv}, \quad n_{Sp} = \frac{z_{\alpha/2}^2 Sp(1-Sp)}{d^2 \times (1-Pv)}$$

Buderer(1996)는 n_{Sn}과 n_{Sp} 중 더 큰 값을 취할 것을 추천하였다. 즉, $n = \max(n_{Sn}, n_{Sp})$이다. 또한 $Y=1$과 $Y=0$ 두 집단에 대한 표본크기는 $n_1 = n \times Pv$, $n_0 = n \times (1-Pv)$와 같이 계산될 수 있다.

예를 들어 $Sn = 0.9$, $Sp = 0.85$, $Pv = 0.2$로 주어져 있고, 95% 신뢰수준하에서 정밀도가 $d = 0.1$이 되도록 한다고 가정하면,

$$n_{Sn} = \frac{1.96^2 \times 0.9 \times (1-0.9)}{0.1^2 \times 0.2} = 173, \quad n_{Sp} = \frac{1.96^2 \times 0.85 \times (1-0.85)}{0.1^2 \times (1-0.2)} = 62$$

가 된다. 따라서 필요한 표본크기는 173명으로 결정될 수 있다.

7.3.2 하나의 예측변수에 대한 성능을 검정하는 경우

사전에 정의된 민감도(또는 특이도)가 P_0라고 하자. 이때 어떤 예측변수 Z와 절단값 c에 대하여 관심이 되는 단측 가설은 다음과 같다.

$$H_0 : P = P_0 \ \ vs \ \ H_1 : P = P_1 \ (P_1 > P_0)$$

이와 같은 상황은 일반적인 비율 검정과 유사하게 다루어질 수 있으며, $(1-\beta)\times 100\%$ 검정력을 달성하기 위한 표본크기를 정규근사를 이용하여 다음 식과 같이 산출할 수 있다.

$$n = \frac{\left[z_\alpha\sqrt{P_0(1-P_0)} + z_\beta\sqrt{P_1(1-P_1)}\right]^2}{(P_1-P_0)^2}$$

예를 들어, $P_0 = 0.8$, $P_1 = 0.9$로 주어졌을 경우 $\alpha = 0.05$, $\beta = 0.1$에 대하여 요구되는 표본크기는 다음과 같이 산출될 수 있다.

$$n = \frac{\left(1.64\sqrt{0.8\times 0.2} + 1.28\sqrt{0.9\times 0.1}\right)^2}{0.1^2} = 109$$

7.3.3 두 개의 독립적인 예측변수의 성능을 비교하는 경우

하나의 예측변수 또는 두 개의 예측변수가 각각 독립적인 표본(A, B)에 적용되는 경우를 고려하자. 두 독립표본에서 사전에 정의된 민감도(또는 특이도)를 각각 P_A, P_B라고 하자. 이때 관심이 되는 단측 가설은 다음과 같다.

$$H_0: P_A = P_B \quad vs \quad H_1: P_A > P_B$$

이와 같은 상황은 일반적인 독립표본 비율차이 검정과 유사하게 다루어질 수 있으며, 필요한 표본크기를 정규근사를 이용하여 다음 식과 같이 산출할 수 있다.

$$n_A = \frac{\left[z_\alpha\sqrt{(\gamma+1)`\bar{P}(1-\bar{P})} + z_\beta\sqrt{\gamma`P_A(1-P_A) + P_B(1-P_B)}\right]^2}{\gamma`(P_A-P_B)^2}$$

여기에서 $\gamma = n_B/n_A$은 두 표본크기의 비율이고, $\bar{P} = (P_A + \gamma P_B)/(\gamma+1)$은 비율의 평균이다.

예를 들어 $P_A = 0.9$, $P_B = 0.8$로 주어졌을 경우 $\gamma = 1$, $\alpha = 0.05$, $\beta = 0.1$에 대하여 요구되는 표본크기는 다음과 같이 산출될 수 있다.

$$n_A = \frac{\left(1.64\sqrt{2\times 0.85\times 0.15} + 1.28\sqrt{0.9\times 0.1 + 0.8\times 0.2}\right)^2}{0.1^2} = 217$$

7.3.4 두 개의 상관된 예측변수의 성능을 비교하는 경우

두 개의 예측변수(Z_A, Z_B)가 하나의 표본에 적용되는 경우를 고려하자. 이와 같은 상황은 대응표본 비율차이 검정과 유사하게 다루어질 수 있으며, 관심이 되는 가설은 7.3.3절에서와 동일하다. 이 경우 필요한 표본크기를 정규근사를 이용하여 다음 식과 같이 산출할 수 있다(Beam, 1992).

$$n = \frac{\left[z_\alpha\sqrt{\Psi} + z_\beta\sqrt{\Psi + (P_A-P_B)^2}\right]^2}{`(P_A-P_B)^2}$$

여기에서 Ψ는 두 예측변수에 의한 예측값($\hat{Y} = 1, 0$)에 대하여 불일치하는 비율이다.

예를 하나 들어 보자. 김지현 등(2018)은 예측변수 Z_A(허리둘레)와 Z_B(이완기혈압) 각각에 대하여 최적절단값을 결정하고, 이에 대응하는 민감도와 특이도를 분석한 바 있다. 두 변수에 대한 최적절단값은 각각 $c_A = 77.8$, $c_B = 68.5$였으며, 이때 민감도는 대략 $P_A = 0.9$와 $P_B = 0.75$였다. 또한 두 예측변수에 의해 예측값이 일치하는 비율은 53%였고 불일치하는 비율은 47%로 나타났다. 이와 같은 상황을 고려하여 요구되는 표본크기를 산출하면 다음과 같다.

$$n = \frac{\left(1.64\sqrt{0.47} + 1.28\sqrt{0.47 + 0.15^2}\right)^2}{0.15^2} = 183$$

7.4 AUC를 이용하는 방법

앞에서도 설명한 바와 같이, 예측변수 혹은 판별모형의 성능을 평가할 때 곤란한 점 중 하나는 절단값에 따라 정확도, 민감도, 특이도의 값이 달라진다는 점이다. 즉, 이러한 측도들은 예측변수 Z의 성능과 절단값 c가 적절한지를 함께 평가하게 된다. 따라서 예측변수 Z의 전반적인 성능을 평가하기 위해서는 절단값과 무관한 평가 측도가 필요하게 되는데, 가장 널리 사용되는 것으로 ROC(receiver operating characteristic) 곡선의 밑면적인 AUC(area under the curve)를 들 수 있다.

사례를 하나 살펴보자(표 7.3 및 그림 7.3 참조). 여기에서 예측변수 Z_1(WC)과 Z_2(DBP)는 각각 허리둘레와 이완기혈압을 나타낸다. 반응변수(Y)는 비만이면 1, 아니면 0인 값을 가지는 이분형 변수이며, 비만인 사람은 46명이고 비만이 아닌 사람은 210명이다(김지현 등, 2018).

〈표 7.3〉 두 예측변수에 대한 AUC 비교

	AUC의 추정치($\hat{\theta}$)	표준오차	95% 신뢰구간		p−값
			하한	상한	
WC	0.948	0.019	0.911	0.985	$< .001^a$
DBP	0.630	0.043	0.545	0.715	$.006^a$
WC−DBP	0.318	0.048	0.223	0.413	$< .001^b$

a. $H_0 : \theta = 0.5 \ vs \ H_1 : \theta > 0.5$

b. $H_0 : \theta_1 = \theta_2 \ vs \ H_1 : \theta_1 > \theta_2$

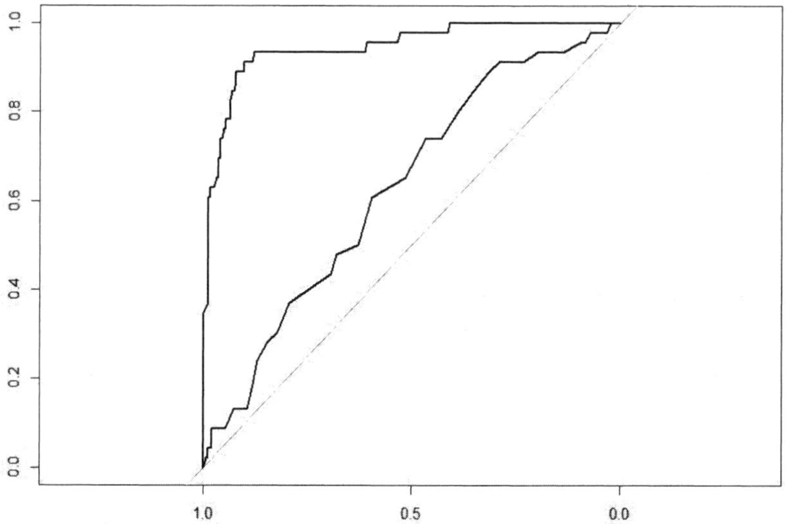

〈그림 7.3〉 두 ROC 곡선의 비교

〈참조〉 R 소프트웨어의 pROC 패키지를 이용한 AUC 비교

```
> Obesity = read.csv("E:/My_Work/Obesity.csv")
> library(pROC)
> roc.WC = roc(Y~WC,data=Obesity)
> roc.DBP = roc(Y~DBP,data=Obesity)
> auc(roc.WC)                          # AUC 계산
--------------------------------------------------------------
Area under the curve: 0.9481
--------------------------------------------------------------
> ci.auc(roc.WC)                       # AUC의 신뢰구간
--------------------------------------------------------------
95% CI: 0.9113-0.985 (DeLong)
--------------------------------------------------------------
> auc(roc.DBP)                         # AUC 계산
--------------------------------------------------------------
Area under the curve: 0.6303
--------------------------------------------------------------
> ci.auc(roc.DBP)                      # AUC의 신뢰구간
--------------------------------------------------------------
95% CI: 0.5449-0.7157 (DeLong)
--------------------------------------------------------------
```

```
> plot.roc(roc.WC)                # ROC 곡선
> plot.roc(roc.DBP,add=TRUE)
> roc.test(roc.WC,roc.DBP)        # 두 AUC의 비교
---------------------------------------------------------------
        DeLong's test for two correlated ROC curves
data:  roc.WC and roc.DBP
Z = 6.57, p-value = 5.033e-11
alternative hypothesis: true diff. in AUC is not equal to 0
sample estimates:
AUC of roc1 AUC of roc2
  0.9481366   0.6302795
```

7.4.1 추정의 정밀도를 기준으로 하는 방법

어떤 예측변수 Z에 의한 AUC가 $\hat{\theta}$으로 추정된다고 하자. AUC를 $(1-\alpha)\times 100\%$ 신뢰수준하에서 추정의 정밀도(precision)가 d를 넘지 않도록 하려 한다고 할 때, 요구되는 표본크기는 다음과 같이 계산될 수 있다(Blume, 2009; Hajian-Tilaki, 2014).

$$n_1 = \frac{z_{\alpha/2}^2 V(\hat{\theta})}{d^{`2}}$$

이때 $V(\hat{\theta})$는 분산함수(variance function)로서 다음과 같이 정의된다.

$$V(\hat{\theta}) = n_1 \text{Var}(\hat{\theta})$$

여기에서 n_1은 주어진 상황에서 $Y = 1$에 대응되는 표본크기이고, $\text{Var}(\hat{\theta})$은 AUC의 추정치 $\hat{\theta}$의 분산이다. 또한 $V(\hat{\theta})$는 다음과 같이 근사적으로 계산될 수 있다(Blume, 2009; Hajian-Tilaki, 2014).

$$V(\hat{\theta}) \simeq \left(0.0099 \times e^{-\{F^2/2\}}\right) \times \left[(5F^2+8) + (F^2+8)/\kappa\right]$$

여기에서 $\kappa = n_0/n_1$이고, $F = \Phi^-1(\hat{\theta}) \times 1.414$이다.

예를 들어 7.2.3절의 Finance 데이터의 경우 $\hat{\theta} = 0.93$, $SE(\hat{\theta}) = 0.04$를 얻을 수 있는데, 따라서 $V(\hat{\theta}) = n_1 \text{Var}(\hat{\theta}) = n_1\{SE(\hat{\theta})\}^2 = 25 \times 0.04^2 = 0.04$이다. 한편 위의 식을 이용하여 $V(\hat{\theta})$에 대한 근삿값을 계산하면 다음과 같다(여기에서는 $\kappa = 1$로 가정하자).

$$F = \Phi^-1(0.93) \times 1.414 = 2.087$$
$$V(\hat{\theta}) \simeq \left(0.0099 \times e^{-\{2.087^2/2\}}\right) \times (6 \times 2,087^2 + 16) = 0.047$$

그리고 $V(\hat{\theta})$에 대한 근삿값을 이용할 경우 n_1은 다음과 같이 계산될 수 있다.

$$n_1 = 1.96^2 \times \frac{0.047}{0.07^2} = 38$$

따라서 필요한 표본크기는 $n = 72(n_1 = 38,\ n_2 = 38)$로 결정될 수 있다.

7.4.2 하나의 예측변수에 대한 성능을 검정하는 경우

사전에 정의된 AUC가 θ_0라고 하자. 이때 어떤 예측변수 Z에 대하여 관심이 되는 단측 가설은 다음과 같다.

$$H_0 : \theta = \theta_0 \ \ vs \ \ H_1 : \theta = \theta_1 \ (\theta_1 > \theta_0)$$

이와 같은 상황은 일반적인 평균 검정과 유사하게 다루어질 수 있으며, $(1-\beta) \times 100\%$ 검정력을 달성하기 위한 표본크기를 정규근사를 이용하여 다음 식과 같이 산출할 수 있다 (Hajian-Tilaki, 2014).

$$n_1 = \frac{\left[z_\alpha \sqrt{V(\hat{\theta}_0)} + z_\beta \sqrt{V(\hat{\theta}_1)}\right]^2}{(\hat{\theta}_1 - \hat{\theta}_0)^2}$$

예를 들어 $\hat{\theta}_1 = 0.93,\ \hat{\theta}_0 = 0.8$로 주어졌을 경우 $\kappa = 1,\ \alpha = 0.05,\ \beta = 0.1$에 대하여 표본크기를 계산하여 보자. 먼저 $V(\hat{\theta}_0)$에 대한 근삿값은 다음과 같이 계산될 수 있으며,

$$F_0 = \Phi^{-}1(0.8) \times 1.414 = 1.19$$
$$V(\hat{\theta}_0) \simeq \left(0.0099 \times e^{-\{1.19^2/2\}}\right) \times \left(6 \times 1.19^2 + 16\right) = 0.119$$

$V(\hat{\theta}_1)$에 대한 근삿값은 7.4.1절에서 계산된 바와 같이 $V(\hat{\theta}_1) = 0.047$이다. 따라서 n_1을 계산하면 다음과 같다.

$$n_1 = \frac{\left(1.64\sqrt{0.119} + 1.28\sqrt{0.047}\right)^2}{0.13^2} = 43$$

따라서 필요한 표본크기는 $n = 86(n_1 = 43,\ n_2 = 43)$으로 결정될 수 있다.

〈참조〉 R 소프트웨어의 pROC 패키지를 이용한 표본크기 계산($\theta_0 = 0.5,\ \theta_1 = 0.7$)

```
> library(pROC)
> power.roc.test(auc=0.7,sig.level=0.05,power=0.9,
+                kappa=1,alternative="one.sided")
--------------------------------------------------------------
One ROC curve power calculation
```

```
    ncases = 32.65397
 ncontrols = 32.65397
       auc = 0.7
 sig.level = 0.05
     power = 0.9
```

7.4.3 두 개의 독립적인 예측변수의 성능을 비교하는 경우

하나의 예측변수 또는 두 개의 예측변수가 각각 독립적인 표본(A, B)에 적용되는 경우를 고려하자. 두 독립표본에서 사전에 정의된 AUC를 각각 θ_A, θ_B라고 하자. 이때 관심이 되는 단측 가설은 다음과 같다.

$$H_0 : \theta_A = \theta_B \ (= \theta) \quad vs \quad H_1 : \theta_A > \theta_B$$

이와 같은 상황은 일반적인 독립표본 평균차이 검정과 유사하게 다루어질 수 있으며, 각 집단에 대하여 필요한 표본크기를 정규근사를 이용하여 다음 식과 같이 산출할 수 있다 (Hajian-Tilaki, 2014).

$$n_1 = \frac{\left[z_\alpha \sqrt{2'V(\hat{\theta})} + z_\beta \sqrt{V(\hat{\theta}_A) + V(\hat{\theta}_B)} \right]^2}{(\hat{\theta}_A - \hat{\theta}_B)^2}$$

여기에서 $\hat{\theta} = (\hat{\theta}_A + \hat{\theta}_B)/2$는 두 AUC 추정치의 평균이다.

예를 들어, $\hat{\theta}_A = 0.93$, $\hat{\theta}_B = 0.8$로 주어졌을 경우 $\alpha = 0.05$, $\beta = 0.1$에 대하여 표본크기를 계산하여 보자. 먼저 $\hat{\theta} = (0.93+0.8)/2 = 0.865$이고 $V(\hat{\theta})$에 대한 근삿값은 다음과 같이 계산될 수 있다.

$$F = \Phi^{-}1(0.865) \times 1.414 = 1.56$$
$$V(\hat{\theta}) \simeq \left(0.0099 \times e^{-\{1.56^2/2\}}\right) \times \left(6 \times 1.56^2 + 16\right) = 0.09$$

또한 $V(\hat{\theta}_A)$와 $V(\hat{\theta}_B)$에 대한 근삿값은 7.4.1절과 7.4.2절에서 계산된 바와 같이 $V(\hat{\theta}_A) = 0.047$, $V(\hat{\theta}_B) = 0.119$이다. 따라서 n_1을 계산하면 다음과 같다.

$$n_1 = \frac{\left(1.64\sqrt{2 \times 0.09} + 1.28\sqrt{0.047 + 0.119}\right)^2}{0.13^2} = 89$$

따라서 두 집단 각각에 대하여 필요한 표본크기는 $n = 178(n_1 = 89,\ n_2 = 89)$로 결정될 수 있다.

7.4.4 두 개의 상관된 예측변수의 성능을 비교하는 경우

두 개의 예측변수(Z_A, Z_B)가 하나의 표본에 적용되는 경우를 고려하자. 이와 같은 상황은 일반적인 대응표본 평균차이 검정과 유사하게 다루어질 수 있으며, 필요한 표본크기를 정규근사를 이용하여 다음 식과 같이 산출할 수 있다(Hajian-Tilaki, 2014).

$$n = \frac{\left[z_\alpha\sqrt{V_{H_0}(\hat{\theta}_A - \hat{\theta}_B)} + z_\beta\sqrt{V_{H_1}(\hat{\theta}_A - \hat{\theta}_B)}\right]^2}{(\hat{\theta}_A - \hat{\theta}_B)^2}$$

여기에서 $V_{H_1}(\hat{\theta}_A - \hat{\theta}_B)$는 다음과 같이 정의된다.

$$\begin{aligned} V_{H_1}(\hat{\theta}_A - \hat{\theta}_B) &= n_1 \text{`} \mathrm{Var}_{H_1}(\hat{\theta}_A - \hat{\theta}_B) \\ &= V(\hat{\theta}_A) + V(\hat{\theta}_B) - 2C(\hat{\theta}_A, \hat{\theta}_B) \\ &= V(\hat{\theta}_A) + V(\hat{\theta}_B) - 2r\sqrt{V(\hat{\theta}_A)}\sqrt{V(\hat{\theta}_B)} \end{aligned}$$

이때 r은 $\hat{\theta}_A$와 $\hat{\theta}_B$의 상관계수이고, $C(\hat{\theta}_A, \hat{\theta}_B)$는 공분산함수(covariance function)로서 다음과 같이 정의된다.[6]

$$C(\hat{\theta}_A, \hat{\theta}_B) = n_1 \mathrm{Cov}(\hat{\theta}_A, \hat{\theta}_B)$$

유사하게 $V_{H_0}(\hat{\theta}_A - \hat{\theta}_B)$는 다음과 같이 정리될 수 있다.

$$V_{H_0}(\hat{\theta}_A - \hat{\theta}_B) = 2\text{`}(1 - r)\text{`}V(\hat{\theta})$$

예를 들어, $\hat{\theta}_A = 0.93$, $\hat{\theta}_B = 0.8$, $r = 0.5$로 주어졌을 경우 $\kappa = 1$, $\alpha = 0.05$, $\beta = 0.1$에 대하여 표본크기를 계산하여 보자. 먼저 $V(\hat{\theta})$, $V(\hat{\theta}_A)$, $V(\hat{\theta}_B)$에 대한 근삿값은 앞에서 계산된 바와 같이 $V(\hat{\theta}) = 0.09$, $V(\hat{\theta}_A) = 0.047$, $V(\hat{\theta}_B) = 0.119$이다. 따라서 $V_{H_0}(\hat{\theta}_A - \hat{\theta}_B)$와 $V_{H_1}(\hat{\theta}_A - \hat{\theta}_B)$를 계산하면 다음과 같다.

$$\begin{aligned} V_{H_0}(\hat{\theta}_A - \hat{\theta}_B) &= 2 \times (1 - 0.5) \times 0.09 = 0.09 \\ V_{H_1}(\hat{\theta}_A - \hat{\theta}_B) &= 0.047 + 0.119 - 2 \times 0.5 \times \sqrt{0.047} \times \sqrt{0.119} = 0.091 \end{aligned}$$

그리고 n_1을 계산하면 다음과 같다.

$$n_1 = \frac{\left(1.64\sqrt{0.09} + 1.28\sqrt{0.091}\right)^2}{0.13^2} = 46$$

따라서 필요한 표본크기는 $n = 92(n_1 = 46,\ n_0 = 46)$로 결정될 수 있다.

[6]R 소프트웨어의 pROC 패키지에 있는 var 함수와 cov 함수를 이용하면 AUC의 추정치들에 대한 분산과 공분산을 쉽게 계산할 수 있다.

〈참조〉 R 소프트웨어의 pROC 패키지를 이용한 표본크기 계산

```
> Obesity = read.csv("E:/My_Work/Obesity.csv")
> library(pROC)
> roc.WC = roc(Y~WC,data=Obesity)
> roc.DBP = roc(Y~DBP,data=Obesity)
> power.roc.test(roc.WC,roc.DBP,sig.level=0.05,power=0.9,
+                kappa=1,alternative="one.sided")
--------------------------------------------------------------
Two ROC curves power calculation
     ncases = 5.352942
  ncontrols = 24.43734
       auc1 = 0.9481366
       auc2 = 0.6302795
  sig.level = 0.05
      power = 0.9
alternative = one.sided
```

7.5 카파 계수를 이용하는 방법

두 개의 예측변수 또는 심사자에 의한 예측(판정) 결과 Y_1, Y_2가 〈표 7.4〉와 같이 나타나는 경우를 고려하자. 이때 두 예측(판정)의 일치도를 나타내는 측도 중 하나인 카파(kappa) 계수는 다음과 같이 정의된다.

$$\kappa = \frac{\pi_o - \pi_e}{1 - \pi_e}$$

여기에서 π_o는 실제로 나타난 일치 비율이고($\pi_o = \pi_{11} + \pi_{22}$), π_e는 우연에 의한 일치 비율의 기대값이다($\pi_e = \pi_{1.}\pi_{.1} + \pi_{2.}\pi_{.2}$).

〈표 7.4〉 두 예측변수(심사자)에 의한 일치, 불일치 비율

Y_1 ＼ Y_2	긍정(=1)	부정(=0)	전체
긍정(=1)	π_{11}	π_{12}	$\pi_{1.}(= \pi_{11} + \pi_{12})$
부정(=0)	π_{21}	π_{22}	$\pi_{2.}(= \pi_{21} + \pi_{22})$
전체	$\pi_{.1}(= \pi_{11} + \pi_{21})$	$\pi_{.2}(= \pi_{12} + \pi_{22})$	1

Fleiss et al.(1969)는 $\hat{\kappa}$의 근사분산이 $\text{Var}(\hat{\kappa}) = Q/n$임을 보였다. 여기에서 Q는 다음과 같다.

$$Q = \frac{A+B}{(1-\pi_e)^4}$$
$$A = \sum_{i=1}^{2} \pi_{ii}\left[(1-\pi_e) - (\pi_{.j} + \pi_{i.})(1-\pi_o)\right]$$
$$B = (1-\pi_o)^2 \sum_{i=1}^{2}\sum_{j\neq i} \pi_{ii}(\pi_{.i} + \pi_{j.})^2 - (\pi_o\pi_e - 2\pi_e + \pi_o)^2$$

위 식의 모든 값들은 $\pi_{1.}$, $\pi_{.1}$, κ에 의해서 유일하게 계산될 수 있으며, Cantor(1996)는 주어진 $\pi_{1.}$, $\pi_{.1}$, κ에 대응되는 Q를 계산하여 표로 제시하고 있다.

사전에 정의된 카파 계수가 κ_0라고 하자. 이때 관심이 되는 단측 가설은 다음과 같다.

$$H_0 : \kappa = \kappa_0 \quad vs \quad H_1 : \kappa = \kappa_1 \ (\kappa_1 > \kappa_0)$$

이때 $(1-\beta) \times 100\%$ 검정력을 달성하기 위한 표본크기를 정규근사를 이용하여 다음 식과 같이 산출할 수 있다(Cantor, 1996).

$$n = \frac{\left[z_\alpha\sqrt{Q_0} + z_\beta\sqrt{Q_1}\right]^2}{(\hat{\kappa}_1 - \hat{\kappa}_0)^2}$$

예를 들어, $\hat{\kappa}_1 = 0.7$, $\hat{\kappa}_0 = 0.5$로 주어졌고, 두 예측변수(심사자)에 의한 양성(positive)의 판정 비율이 50%로 기대된다고 하자(즉, $\pi_{1.} = \pi_{.1} = 0.5$). 이때 $\alpha = 0.05$, $\beta = 0.1$에 대하여 표본크기를 계산하여 보자. 먼저 Q_0와 Q_1은 각각 $Q_0 = 0.75$와 $Q_1 = 0.51$로 계산되며, 따라서 필요한 표본크기를 계산하면 다음과 같다.

$$n_1 = \frac{\left(1.64\sqrt{0.75} + 1.28\sqrt{0.51}\right)^2}{0.2^2} = 137$$

〈참조〉 R 소프트웨어의 irr 패키지를 이용한 표본크기 계산

```
> library(irr)
> N.cohen.kappa(0.5,0.5,0.7,0.5,alpha=0.05,power=0.9,
+               twosided=FALSE)
----------------------------------------------------------
[1] 137
```

7.A 부록: SAS 프로그램의 예

이 절에서는 로지스틱 회귀분석에서 다루었던 사례에 대하여 SAS/STAT 소프트웨어의 PROC POWER를 이용하여 표본크기를 계산하는 프로그램의 예를 제시한다. LOGISTIC 명령문은 로지스틱 회귀분석에 대한 검정력 분석 및 표본크기 계산을 수행한다.

⟨SAS 프로그램 7.1⟩ 로지스틱 회귀분석

```
PROC POWER;
  LOGISTIC                          /* 통계분석: 로지스틱 회귀분석 */
    VARDIST("Flow") = NORMAL(0.943,2.609)     /* 설병변수 1 */
    VARDIST("Income") = NORMAL(-0.076,1.233) /* 설병변수 2 */
    VARDIST("Asset") = NORMAL(20.265,10.042) /* 설병변수 3 */
    VARDIST("Type") = ORDINAL((1 2 3):(0.26 0.37 0.37)) /* 4 */
    TESTPREDICTOR = "Flow"                   /* 검정 설명변수 */
    COVARIATES = "Income" | "Asset" | "Type" /* 다른 설명변수 */
    RESPONSEPROB = 0.54                      /* Y=1의 비율 */
    TESTODDSRATIO = 1.5                      /* 오즈비 */
    ALPHA = 0.05                             /* 유의수준 */
    POWER = 0.90                             /* 검정력 */
    NTOTAL = .;                              /* 표본크기 */
RUN;
--------------------------------------------------------------
<Fixed Scenario Elements>
Method                             Shieh-O'Brien approximation
Alpha                                                     0.05
Response Probability                                      0.54
Test Predictor                                            Flow
Odds Ratio for Test Predictor                              1.5
Covariates                                   Income Asset Type
Nominal Power                                              0.9
Total Number of Bins                                      3000
--------------------------------------------------------------
<Computed N Total>
Actual        N
 Power    Total
 0.903       55
```

〈SAS 프로그램 7.2〉 여러 경우에 대한 표본크기 비교

```
PROC POWER;
  LOGISTIC
    VARDIST("Heat") = ORDINAL((5 10 15 20):(0.2 0.3 0.3 0.2))
    VARDIST("Soak") = ORDINAL((2 4 6):(0.4 0.4 0.2))
    VARDIST("Mass1") = NORMAL(4, 1)
    VARDIST("Mass2") = NORMAL(4, 2)
    TESTPREDICTOR = "Heat"
    COVARIATES = "Soak" | "Mass1" "Mass2"
    RESPONSEPROB = 0.15 0.25
    TESTODDSRATIO = 1.2
    UNIT = ("Heat" = 5)
    COVODDSRATIO = 1.4 | 1 1.3
    ALPHA = 0.05
    POWER = 0.90
    NTOTAL = .;
RUN;
```

참고문헌

강현철 (2002). 최근 3년간(1999-2001) 대한간호학회지의 통계기법 활용에 대한 분석, <대한간호학회지>, 제32권 6호, 929-935.

강현철, 연규필, 한상태 (2015). 간호학 연구에서 효과크기의 사용에 대한 고찰, <대한간호학회지>, 제45권 제5호, 641-649.

권순달 (2005). 경험적 연구에서 유의도 검정과 효과크기의 검토, <교육평가연구> 제18권 제2호, 1-16.

김민성 (2011). 지리교육 연구에서의 양적 방법론: 효과크기의 개념과 활용, <한국지리환경교육학회지> 제19권 제2호, 205-220.

김지현, 신선화, 강현철 (2018). 판별모형의 평가에서 ROC 곡선과 AUC의 활용에 대한 사례 연구, *Journal of the Korean Data Analysis Society*, Vol. 20, No. 2, 609-619.

나운봉, 박찬욱 (2006). 우리나라 마케팅 연구의 효과크기(Effect Size)에 대한 메타 분석: 실험 연구를 중심으로, <마케팅연구> 제21권 제4호, 189-207.

신선화, 김성용, 강현철 (2018). 이항 반응변수에 대한 판별분석에서 표본크기 결정 방법들에 대한 비교와 사례 연구, *Journal of the Korean Data Analysis Society*, Vol. 20, No. 5, 2285-2296

유나영 (2012). 특수한 상황에서 상관계수의 차이 검정에 관한 연구, <호서대학교 석사학위논문>.

이재원, 박미라, 이정복, 이숙자, 박은숙, 박영자 (1998). 간호학 연구에서의 표본크기 결정 방법에 대한 고찰, <한국간호과학회지> 제4권 제3호, 375-387.

임시혁 (2011). 통계검증의 실제적 유의성과 검증력 분석의 고찰, <교육논총> 제48권 제1호, 267-281.

Anderson, D. R., Burnham, K. P., Thompson, W. L. (200). Null hypothesis testing: Problems, prevalence, and an alternative, *Journal of Wildlife Management*, Vol. 64, 912-923.

Beam, C. A. (1992). Strategies for improving power in diagnostic radiology research, *American Journal of Roentgenology*, Vol. 159, 631-637.

Blume, J. D. (2009). Bounding sample size projections for the area under a ROC curve, *Journal of Statistical Planning and Inference*, Vol. 139, No. 1, 711-721.

Breaugh, J. A. (2003). Effect size estimation: Factors to consider and mistakes to avoid, *Journal of Management*, Vol. 29, 79-97.

Buderer, N. M. (1996). Statistical methodology: I. Incorporating the prevalence of disease into the sample size calculation for sensitivity and specificity, *Academic Emergency Medicine*, Vol. 3, No. 9, 895-900.

Cohen, J. (1988). *Statistical power analysis for the behavioral sciences*, New York: Academic Press.

Cohen, J. (1994). The earth is round (p<.05), *American Psychologist*, Vol. 49, 997-1003.

Cantor, A. B. (1996). Sample-size calculation for Cohen's kappa, *Psychological Methods*, Vol. 1, 150-153.

Cooper, H. M. (1981). On the significance of effects and the effects of significance, *Journal of Personality and Social Psychology*, Vol. 41, 1013-1018.

Fisher, R. A. (1921). On the probable error of a coefficient of correlation deduced from a small sample. *Metron*, Vol. 1, 1-32.

Fleiss, J. L., Cohen, J., Everitt, B. S. (1969). Large sample standard errors of kappa and weighted kappa. *Psychological Bulletin*, Vol. 72, 323-327.

Hajian-Tilaki, K. (2014). Sample size estimation in diagnostic studies of biomedical informatics, *Journal of Biomedical Informatics*, Vol. 48, 193-204.

Peterson, R. A., Albaum, G., Beltramini, R. F. (1985). A meta-analysis of effect sizes in consumer behavior experiments, *Journal of Consumer Research*, Vol. 12, 97-103.

Polity, E, Sherman, R. E. (1990). Statistical power in nursing research, *Nursing Research*, Vol. 39, 365-369.

Sawyer, A. G., Peter, J. P. (1983). The significance of statistical significance tests in marketing research, *Journal of Marketing Research*, Vol. 20, 122-133.

Simundic, A. M. (2009). Diagnostic accuracy - part 1, basic concepts: sensitivity and specificity, ROC analysis, STARD statement, https://acutecaretesting.org/.

Steiger, J. H. (1980). Tests for comparing elements of a correlation matrix, *Psychological Bulletin*, Vol. 87, 245-251.

Thompson, B. (2006). *Foundations of behavioral statistics: An insight-based approach*, New York: The Guildford Press.

Wasserstein, R. L., Lazar, N. A. (2016). The ASA's statement on p-values: context, process and purpose, *The American Statistician*, Vol. 70, No. 2, 129-133.

Zou, G. Y. (2007). Toward using confidence intervals to compare correlations. *Psychological Methods*, Vol. 12, 399-413. doi:10.1037/1082-989X.12.4.399

찾아보기

저자 소개

강현철
고려대학교 정경대학 통계학과, 경제학사
고려대학교 대학원 통계학과, 이학석사
고려대학교 대학원 통계학과, 이학박사
현: 호서대학교 과학기술융합대학 빅데이터경영공학부, 교수
e-mail: hychkang@hoseo.edu

G*Power를 활용한
효과크기와 표본크기 계산

저　　자　강현철
발 행 인　김지영
발 행 처　자유아카데미
주　　소　경기도 파주시 회동길 37-42
　　　　　파주출판도시
전　　화　031-955-1321
팩　　스　031-955-1322
홈페이지　www.freeaca.com
전자우편　main@freeaca.com (대표)
　　　　　editor@freeaca.com (편집)
　　　　　crm@freeaca.com (영업)
등　　록　제406-2003-017호, 1980. 7. 12
제1판1쇄　2019년 1월 20일 발행
제1판2쇄　2022년 6월 25일 발행
정　　가　15,000원

ISBN 979-11-5808-211-6 93310